U0741166

CHONGQING CHANGJIAN SHENGTAI XIUFU ZHIWU JI
RUQIN ZHIWU TUPU

重庆常见生态修复植物及入侵植物图谱

马 磊 司洪涛 李满意 刘 江 李 成◎著

Restoring Plants

Invasive Plants

Restoring Plants

Invasive Plants

重庆大学出版社

内容提要

　　本书以生态修复中常用的植物以及外来入侵植物为对象，并在大量野外实地调查收集数据的基础上，梳理了重庆地区常见生态修复植物及常见入侵植物；前两章从生态修复植物选择、外来植物入侵等方面进行了理论阐述，后两章按植物分类图文并茂地展示了重庆市常见生态修复植物和入侵植物。本书共收录重庆市常见生态修复植物131种，隶属66科117属；收录常见入侵植物82种，隶属28科60属。本书可为生态修复和入侵植物防控等工作提供参考，也可以让其他读者更深入地了解生态修复植物和入侵植物，并可为科普工作提供具有重要参考价值的资料。

图书在版编目（CIP）数据

重庆常见生态修复植物及入侵植物图谱 / 马磊等著.
重庆：重庆大学出版社, 2025.3. -- ISBN 978-7-5689-
4892-0
　Ⅰ. X171.4-64；S45-64
中国国家版本馆CIP数据核字第2025MC2316号

重庆常见生态修复植物及入侵植物图谱

马　磊　司洪涛　李满意　刘　江　李　成　著
策划编辑：杨粮菊
责任编辑：杨育彪　　版式设计：杨粮菊
责任校对：王　倩　　责任印制：张　策

*

重庆大学出版社出版发行
出版人：陈晓阳
社址：重庆市沙坪坝区大学城西路21号
邮编：401331
电话：（023）88617190　88617185
传真：（023）88617186　88617166
网址：http://www.cqup.com.cn
邮箱：fxk@cqup.com.cn（营销中心）
全国新华书店经销
重庆升光电力印务有限公司印刷

*

开本：787 mm×1092 mm　1/16　印张：10　字数：245千
2025年3月第1版　　2025年3月第1次印刷
ISBN 978-7-5689-4892-0　定价：88.00元

本书如有印刷、装订等质量问题，本社负责调换

版权所有，请勿擅自翻印和用本书
制作各类出版物及配套用书，违者必究

编委会

顾 问：白 波

主 任：马 磊　司洪涛　李满意　刘 江　李 成

副主任：邓 智　徐铭泽　毛 铮　黄雪飘　冯 樊

委 员（排名不分先后）：

朱冬雪　王 科　王 琛　严有龙　张树青

张华莲　苏德桂　彭小东　王素伟　延艳彬

陈思潼　袁 帆　吴笑蝶　王雨禾　厉建新

蹇 恒　吴 姣　向乐中　丁小舒　王 智

前 言

PREFACE

　　重庆位于中国西南部，属于青藏高原与长江中下游平原的过渡地带，是长江上游重要的生态屏障，对保障长江中下游地区和我国腹心地带的生态安全具有不可替代的作用。

　　长期以来，重庆市一方面针对辖区内存在的矿山损毁、水土流失、石漠化、水质污染和森林质量下降等生态问题开展了系列生态修复工作，并取得了积极成效；与此同时，因修复植物选择不当使得修复效果不理想、乡土植物使用较少、习惯性采用外来植物甚至入侵植物等现象大量存在。另一方面，入侵植物已经对区域生物多样性、农林牧渔业生产、生态环境以及社会经济产生严重危害，而随着全球气候变化和社会经济的高速发展，外来植物入侵风险和防治难度将逐步增加。为增强生态修复等一线工作者对生态修复植物和入侵植物的认识，重庆地质矿产研究院生态修复分院基于前期资料收集和野外调查成果，整理编撰了本图谱。

　　本书第一章由白波、马磊、张树青编写，第二章由司洪涛、李满意、蹇恒、张华莲、苏德桂编写，第三章由李成、黄雪飘、王琛、徐铭泽、毛铮编写，第四章由邓智、朱冬雪、王科编写。本书图片由冯樊、历建新、严有龙、吴姣、彭小东、王素伟、延艳彬拍摄。全书由刘江、陈思潼、袁帆、吴笑蝶统稿。本书在编写过程中，王雨禾、向乐中、丁小舒、王智在资料收集和文字校对等方面做了大量工作，在此表示感谢。

　　本书得到了基于碳增汇目标下露天矿山生态修复植物群落演替规律研究（CSTB2022NSCQ-MSX0280）、重庆市生态修复植物图册及科普实物、生态碳汇识别、预测一体化提升技术研究及工具研发（CSTB2024JXJL-YFX0037）、基于增强岩石风化的生态修复技术与产品研发（CSTB2024JXJL-YFX0053）、基于多尺度西南丘陵区重要生态系统固碳机制研究（CSTB2022NSCQ-MSX1121）、基于生态安全的山区小流域水土保持措施空间配置技术成果推广应用等多项科研项目的联合资助。

限于编者水平和物种照片拍摄难度，本书部分论述或观点可能存在局限或偏颇，植物种类和照片亦不尽完善，不足之处望读者批评指正。

编　者

2024年1月

编写说明

INSTRUCTIONS

1. 物种收录。本书收录的生态修复植物主要参考《重庆市露天矿山近自然植被恢复植物推荐指南（试行）》《中国植物志》和《中国高等植物》等资料，入侵植物主要参考《中国入侵植物名录》、《中国外来入侵植物名录》、《中国外来入侵植物志》、《中国外来入侵植物图鉴》、《重点管理外来入侵物种名录》、《中国外来入侵物种名单》[第一批（2003）、第二批（2010）、第三批（2014）和第四批（2016）]等资料。

2. 物种名称。植物科、属和种的分类和拉丁名依据最新分类学研究成果Flora of China，中文学名主要参照《中国植物志》。

3. 物种排序。植物种的排列顺序按照其中文学名的拼音字母顺序进行排序。

4. 物种描述。生态修复植物描述主要包括分类地位、中文别名、性状特征、生长习性和应用场景等，入侵植物描述主要包括分类地位、中文别名、性状特征、入侵等级和分布生境等。

5. 入侵等级。入侵等级包括恶性入侵、严重入侵、局部入侵、一般入侵和有待观察。

6. 引入途径。引入途径包括自然传入、有意引入和无意引入。

7. 生活型。生活型包括乔木、小乔木、灌木、半灌木、一年生草本、二年生草本、多年生草本和藤本。

8. 物种照片。物种照片类型包括植物的生境、植株、茎、叶、花和果等。

目 录

CONTENTS

第一章　基本术语

1. 植物学术语·······················1
2. 生态修复术语·····················2
3. 外来植物入侵术语················3

第二章　总论

1. 生态修复植物·····················4
2. 重庆常见生态修复植物概况········6
3. 外来植物入侵····················8
4. 重庆常见入侵植物概况············13
5. 生态修复中常用的入侵植物········15

第三章　重庆常见生态修复植物

1. 八角枫Alangium chinense···········17
2. 八角金盘Fatsia japonica············17
3. 芭蕉Musa basjoo·················18
4. 白背枫Buddleja asiatica············19
5. 柏木Cupressus funebris············19
6. 斑茅Saccharum arundinaceum·······20
7. 北美海棠Malus 'American'·········20
8. 草木樨Melilotus suaveolens·········21
9. 菖蒲Acorus calamus···············21
10. 池杉Taxodium distichum var.
    imbricatum·····················22
11. 垂柳Salix babylonica·············23
12. 垂枝红千层Callistemon viminalis··23
13. 慈竹Bambusa emeiensis···········24
14. 刺桐Erythrina variegata··········24
15. 地锦Parthenocissus tricuspidata···25
16. 地桃花Urena lobata·············26
17. 杜鹃Rhododendron simsii·········26
18. 杜英Elaeocarpus decipiens·······27

19. 杜仲Eucommia ulmoides··········28
20. 多花紫藤Wisteria floribunda······28
21. 鹅掌柴Heptapleurum heptaphyllum 29
22. 鹅掌楸Liriodendron chinense······29
23. 萼距花Cuphea hookeriana·········30
24. 二球悬铃木Platanus acerifolia·····30
25. 枫香树Liquidambar formosana·····31
26. 枫杨Pterocarya stenoptera········32
27. 复羽叶栾Koelreuteria bipinnata····32
28. 柑橘Citrus reticulata·············33
29. 狗牙根Cynodon dactylon·········34
30. 枸骨Ilex cornuta················34
31. 构Broussonetia papyrifera········35
32. 海桐Pittosporum tobira··········35
33. 海芋Alocasia odora·············36
34. 含笑花Michelia figo············36
35. 荷花木兰Magnolia grandiflora····37
36. 黑麦草Lolium perenne···········38
37. 红背桂Excoecaria cochinchinensis 38
38. 红花檵木Loropetalum chinense var.
    rubrum························39
39. 花椒Zanthoxylum bungeanum······39

40. 花叶冷水花Pilea cadierei ……… 40

41. 花叶青木Aucuba japonica var. variegata
……… 40

42. 花叶艳山姜Alpinia zerumbet 'Variegata'
……… 41

43. 槐Styphnolobium japonicum……… 41

44. 黄葛树Ficus virens ……… 42

45. 黄金菊Euryops pectinatus ……… 42

46. 黄金香柳Melaleuca bracteata
'Revolution Gold' ……… 43

47. 黄荆Vitex negundo ……… 44

48. 黄睡莲Nymphaea mexicana ……… 44

49. 火棘Pyracantha fortuneana ……… 45

50. 鸡爪槭Acer palmatum ……… 45

51. 吉祥草Reineckea carnea ……… 46

52. 夹竹桃Nerium oleander ……… 46

53. 金边龙舌兰Agave americana var.
marginata ……… 47

54. 金佛山荚蒾Viburnum chinshanense 47

55. 蜡梅Chimonanthus praecox ……… 48

56. 蓝花楹Jacaranda mimosifolia ……… 49

57. 李Prunus salicina ……… 49

58. 荔枝Litchi chinensis ……… 50

59. 莲Nelumbo nucifera ……… 50

60. 楝Melia azedarach ……… 51

61. 柳杉Cryptomeria japonica var.
sinensis ……… 51

62. 龙眼Dimocarpus longan ……… 52

63. 芦竹Arundo donax ……… 52

64. 罗汉松Podocarpus macrophyllus… 53

65. 麻梨Pyrus serrulata ……… 54

66. 马桑Coriaria nepalensis ……… 54

67. 马尾松Pinus massoniana ……… 55

68. 麦冬Ophiopogon japonicus……… 55

69. 毛桐Mallotus barbatus ……… 56

70. 美人蕉Canna indica ……… 56

71. 墨西哥鼠尾草Salvia leucantha ……… 57

72. 木芙蓉Hibiscus mutabilis ……… 57

73. 木槿Hibiscus syriacus ……… 58

74. 木樨Osmanthus fragrans ……… 58

75. 南天竹Nandina domestica ……… 59

76. 楠木Phoebe zhennan ……… 60

77. 女贞Ligustrum lucidum ……… 60

78. 枇杷Eriobotrya japonica ……… 61

79. 朴树Celtis sinensis ……… 62

80. 秋枫Bischofia javanica ……… 62

81. 日本珊瑚树Viburnum awabuki ……… 63

82. 日本晚樱Prunus serrulata var.
lannesiana ……… 63

83. 榕树Ficus microcarpa ……… 64

84. 三角槭Acer buergerianum ……… 64

85. 桑Morus alba ……… 65

86. 山茶Camellia japonica ……… 66

87. 杉木Cunninghamia lanceolata …… 66

88. 肾蕨Nephrolepis cordifolia ……… 67

89. 十大功劳Mahonia fortunei ……… 67

90. 石榴Punica granatum ……… 68

91. 石楠Photinia serratifolia ……… 68

92. 水麻Debregeasia orientalis……… 69

93. 水杉Metasequoia glyptostroboides· 69

94. 苏铁Cycas revoluta ……… 70

95. 梭鱼草Pontederia cordata ……… 70

96. 桃Prunus persica ……… 71

97. 天竺桂Cinnamomum japonicum …… 71

98. 蚊母树Distylium racemosum ……… 72

99. 乌桕Triadica sebifera ……… 72

100. 蜈蚣凤尾蕨Pteris vittata ……… 73

101. 喜树Camptotheca acuminata ……… 74

102. 香椿Toona sinensis ……… 74

103. 小蜡Ligustrum sinense……… 75

104. 小琴丝竹Bambusa multiplex 'Alphonse-Karr' ······ 75

105. 杏Prunus armeniaca ······ 76

106. 绣球Hydrangea macrophylla ······ 77

107. 雅榕Ficus concinna ······ 77

108. 盐麸木Rhus chinensis ······ 78

109. 艳山姜Alpinia zerumbet ······ 78

110. 羊蹄甲Bauhinia purpurea ······ 79

111. 杨梅Morella rubra ······ 80

112. 野蔷薇Rosa multiflora ······ 80

113. 叶子花Bougainvillea spectabilis ·· 81

114. 银白杨Populus alba ······ 82

115. 银杏Ginkgo biloba ······ 82

116. 迎春花Jasminum nudiflorum ······ 83

117. 油麻藤Mucuna sempervirens ······ 83

118. 油桐Vernicia fordii ······ 84

119. 柚Citrus maxima ······ 84

120. 玉兰Yulania denudata ······ 85

121. 鸢尾Iris tectorum ······ 86

122. 再力花Thalia dealbata ······ 86

123. 樟Camphora officinarum ······ 87

124. 栀子Gardenia jasminoides ······ 87

125. 紫荆Cercis chinensis ······ 88

126. 紫穗槐Amorpha fruticosa ······ 89

127. 紫薇Lagerstroemia indica ······ 89

128. 紫叶李Prunus cerasifera 'Atropurpurea' ······ 90

129. 棕榈Trachycarpus fortunei ······ 91

130. 棕竹Rhapis excelsa ······ 91

131. 醉鱼草Buddleja lindleyana ······ 92

第四章　重庆常见入侵植物

1. 阿拉伯婆婆纳Veronica persica ······ 93

2. 凹头苋Amaranthus blitum ······ 93

3. 白车轴草Trifolium repens ······ 94

4. 斑地锦草Euphorbia maculata ······ 94

5. 北美独行菜Lepidium virginicum ······ 95

6. 蓖麻Ricinus communis ······ 95

7. 滨菊Leucanthemum vulgare ······ 96

8. 垂序商陆Phytolacca americana ······ 96

9. 刺槐Robinia pseudoacacia ······ 97

10. 刺苋Amaranthus spinosus ······ 97

11. 大狼耙草Bidens frondosa ······ 98

12. 大藻Pistia stratiotes ······ 98

13. 单刺仙人掌Opuntia monacantha ······ 99

14. 灯笼果 Physalis peruviana ······ 99

15. 钝叶决明Senna obtusifolia ······ 100

16. 反枝苋Amaranthus retroflexus ······ 100

17. 飞扬草Euphorbia hirta ······ 101

18. 粉绿狐尾藻Myriophyllum aquaticum ······ 101

19. 风车草Cyperus involucratus ······ 102

20. 风仙花Impatiens balsamina ······ 102

21. 凤眼莲Eichhornia crassipes ······ 103

22. 鬼针草Bidens pilosa ······ 103

23. 红花酢浆草Oxalis corymbosa ······ 104

24. 火殃簕Euphorbia antiquorum ······ 104

25. 藿香蓟Ageratum conyzoides ······ 105

26. 加拿大一枝黄花Solidago canadensis ······ 105

27. 假酸浆Nicandra physalodes ······ 106

28. 剑叶金鸡菊Coreopsis lanceolata ··· 106

29. 菊苣Cichorium intybus ······ 107

30. 菊芋Helianthus tuberosus ······ 107

31. 喀西茄Solanum aculeatissimum ···· 108

32. 梨果仙人掌Opuntia ficus-indica ·· 108

33. 鳢肠Eclipta prostrata ······ 109

34. 黄秋英Cosmos sulphureus ······ 109

35. 柳叶马鞭草Verbena bonariensis ··· 110

36. 落地生根Bryophyllum pinnatum ··· 111

37. 落葵薯Anredera cordifolia ······ 111

38. 绿穗苋Amaranthus hybridus ········ 112

39. 马利筋Asclepias curassavica ······ 112

40. 马缨丹Lantana camara ············ 113

41. 毛酸浆Physalis philadelphica ······ 113

42. 牛膝菊Galinsoga parviflora ········ 114

43. 婆婆针Bidens bipinnata ············ 114

44. 牵牛Ipomoea nil ·················· 115

45. 青葙Celosia argentea ·············· 116

46. 苘麻Abutilon theophrasti ·········· 116

47. 秋英Cosmos bipinnatus ············ 117

48. 三裂叶薯Ipomoea triloba ·········· 117

49. 山桃草Oenothera lindheimeri ······ 118

50. 珊瑚樱Solanum pseudocapsicum ··· 118

51. 少花龙葵Solanum americanum ····· 119

52. 石茅Sorghum halepense ············ 119

53. 双荚决明Senna bicapsularis ········ 120

54. 双穗雀稗Paspalum distichum ······ 120

55. 苏门白酒草Erigeron sumatrensis ·· 121

56. 天人菊Gaillardia pulchella ········ 121

57. 通奶草Euphorbia hypericifolia ····· 122

58. 土荆芥Chenopodium ambrosioides 122

59. 土人参Talinum paniculatum ········ 123

60. 弯曲碎米荠Cardamine flexuosa ···· 123

61. 万寿菊Tagetes erecta ·············· 124

62. 望江南Senna occidentalis ·········· 124

63. 喜旱莲子草Alternanthera philoxeroides
········· 125

64. 细叶旱芹Cyclospermum leptophyllum
·················· 125

65. 香丝草Erigeron bonariensis ········ 126

66. 象草Pennisetum purpureum ········ 126

67. 小蓬草Erigeron canadensis ········ 127

68. 小叶冷水花Pilea microphylla ······ 127

69. 熊耳草Ageratum houstonianum ··· 128

70. 续断菊Sonchus asper ·············· 128

71. 药用蒲公英Taraxacum officinales ·· 129

72. 野胡萝卜Daucus carota ············ 129

73. 野老鹳草Geranium carolinianum ·· 130

74. 野茼蒿Crassocephalum crepidioides ·· 130

75. 一年蓬Erigeron annuus ············ 131

76. 银合欢Leucaena leucocephala ······ 131

77. 圆叶牵牛Ipomoea purpurea ········ 132

78. 月见草Oenothera biennis ·········· 132

79. 皱果苋Amaranthus viridis ········ 133

80. 紫茉莉Mirabilis jalapa ············ 133

81. 紫叶酢浆草Oxalis triangularis 'Purpurea'
·················· 134

82. 钻叶紫菀Symphyotrichum subulatum
·················· 134

附 录

常见生态修复植物名录 ············ 136

重庆常见入侵植物名录 ············ 141

参考文献 ················· 144

第一章　基本术语

1. 植物学术语

（1）科（Family）

科是指亲缘关系相近，且在形态、生殖结构和遗传特征上表现出显著相似性的类群，每一群为一科，科以下为属。

（2）属（Genus）

植物学中把同一科的植物按照彼此相似的特征分为若干群，每一群叫一属，属以下为种。

（3）种（Species）

在一定的自然区域内分布，具有一定的形态特征与生理特点，并能够交配繁殖且子代可育的生物类群。种是生物分类的基本单位，位于生物分类法中最后一级，在属之下。

（4）生活型（Life form）

植物为长期适应环境生长条件而在外貌上表现出来的植物类型。

（5）木本植物（Woody plant）

根和茎因增粗生长形成大量的木质部，而细胞壁也多数是木质化的坚硬的植物。

（6）乔木（Tree）

植株高大，有根部发生独立的主干，树干和树冠有明显区分的木本植物。

（7）灌木（Shrub）

根部分枝较多、无明显主干、呈丛生状态且植株较矮小的木本植物。

（8）亚灌木（Subshrub）

植株矮小，茎干基部木质化，茎的上部草质并在开花后枯萎的木本多年生植物。

（9）藤本（Liana）

茎干柔韧细长、难以单独直立生长，需缠绕或凭借特化器官攀缘依附其他植物才能生长的植物。

（10）草本植物（Herbaceous plant）

茎内的木质部不发达、含木质化细胞少、支持力弱的植物。

（11）一年生草本（Annual herb）

在一年期间发芽、生长、开花、结实和枯萎死亡的草本植物。

（12）二年生草本（Biennial herb）

在两个生长季内完成生命周期，第一个生长季生长根、茎和叶等营养器官，第二个生长季开花、结实和枯萎死亡的草本植物。

（13）多年生草本（Perennial herb）

能生活两年以上的草本植物。

（14）花序（Inflorescence）

花在花轴上排列的方式和开放次序。

（15）不定根（Adventitious root）

植物的茎或叶上所发生的根。

（16）气生根（Aerial root）

由植物茎上发生、生长在地面以上、暴露在空气中的不定根，能起到吸收气体或支撑植物体向上生长的作用。

（17）单叶（Simple leaf）

同一叶柄上唯一生长的叶片。

（18）复叶（Compound leaf）

由同一叶柄上着生的二至多枚分离的小叶组成的叶片。

（19）互生叶（Alternate leaf）

茎上每节只生一片叶，叶片于茎两侧交互相间排列。

（20）对生叶（Opposite leaf）

茎上每节生长2片叶，叶片于茎两侧相对排列。

（21）轮生叶（Whorled leaf）

茎上每节生长3片或3片以上叶，叶片围绕茎作辐射排列。

2. 生态修复术语

（1）生态修复（Ecological restoration）

停止对生态系统的人为干扰以减轻其负荷压力，依靠生态系统的自我调节能力与自组织能力使其向有序的方向进行演化，或者利用生态系统的这种自我恢复能力，辅以人工措施，使遭到破坏的生态系统逐步恢复或使生态系统向良性循环方向发展。

（2）林相（Forest form）

林木的质量与整体外形条件，主要包括林冠层次的丰富性以及林木质量和健康状况。

（3）景观（Landscape）

一定空间范围内，由天然或人工栽植的由乔灌草和古树名木等繁多植物组成的不同林相、季相和绚丽多姿的植物群落景色。

（4）乡土植物（Indigenous plant）

原产于本地区，或通过长期引种、栽培和繁殖，被证明已经完全适应本地区的气候和环境，生长良好的植物。

（5）种群（Population）

在一定时间内占据一定空间的同种生物的所有个体。

（6）群落（Community）

相同时间聚集在同一区域或环境内各种生物种群的集合。

（7）生态系统（Ecosystem）

在一定的时间和空间范围内，生物与生物之间、生物与非生物（如温度、湿度、土壤、各种有机物和无机物等环境要素）之间，通过物质循环和能量流动而形成的相互作用、相互依存的统一整体。

（8）生态系统服务（Ecosystem service）

生态系统与生态过程所形成及所维持的人类赖以生存的自然环境条件和效用，包括供给服务（如提供食物和水）、调节服务（如控制洪水和疾病）、文化服务（如精神健康和娱乐）以及支持服务（如维持养分循环）。

（9）生物多样性（Biodiversity）

生物的多样化和变异性以及物种生境的生态复杂性，包括遗传多样性、物种多样性、生态系统多样性和景观多样性。

3. 外来植物入侵术语

（1）外来植物（Alien plants）

在本地区无天然分布，经自然或人为途径传入的植物，包括该植物所有可能存活和繁殖的部分。

（2）外来植物入侵（Alien plant invasion）

一种植物从原产地进入一个新的栖息地，并通过居住、建群和扩散而占据该栖息地，从而对本地植物种群和生态系统造成负面影响的一种生态现象。

（3）入侵植物（Invasive plant）

传入定殖并对生态系统、生境、物种带来威胁或者危害，影响本地区生态环境，损害农林牧渔业可持续发展和生物多样性的外来植物。

（4）归化植物（Naturalized plant）

已扩散到自然环境并实现种群的自我维持，融入本地植物区系，参与本地生态过程且不再产生爆发性生态灾难的植物。

（5）栽培植物（Cultivated plant）

外来植物被引入新的平衡生态系统后，若不适应新环境而被排斥，必须依靠人类的帮助才能生存，同时经过人工培育后具有一定生产价值或经济性状且遗传性稳定的植物。

（6）引入途径（Introduction pathway）

外来植物离开原生存的生态系统到达新环境的方式。

（7）入侵等级（Intrusion level）

入侵植物的危害程度及风险大小。

（8）化感作用（Allelopathy）

植物通过向环境释放特定的次生物质从而对邻近其他植物生长发育产生的有益和有害的影响。

（9）生态位（Ecological niche）

一个种群在生态系统和时间空间上所占据的位置及其与相关种群之间的功能关系与作用。

第一章　总论

1. 生态修复植物

1）生态修复与景观提升

生态修复是以恢复生态系统功能和构建合理的结构为目的，利用生态系统的自我恢复能力，辅以人工措施，使遭到破坏的生态系统逐步恢复原貌或向良性方向发展；景观提升通常从审美吸引力的角度考虑，在生态现状的基础上提升一定区域内的美感度和观赏性。生态修复与景观提升的内涵明显不同，但在实现途径上，两者存在相互交叉，即部分生态修复要求实现景观提升，部分景观提升要求开展生态修复；就具体工程而言，部分工程既是生态修复工程也是景观提升工程，生态修复与景观提升同步开展，生态修复目标与景观提升目标共同实现。

生态修复植物在促进生态系统功能恢复和良性发展的同时，部分还具有较高的观赏价值，可用于景观提升，因此属于景观植物。受经济性等因素影响，部分景观植物在纯粹的生态修复工程中并不常用，而是更多用于生态修复与景观提升相结合的工程。

2）生态修复植物选择

植物作为生态系统的重要组成部分，不仅能发挥极大的生态效益，还兼具经济效益和社会效益。生态系统中植物种类丰富多样，按照不同标准可划分为不同的植物类型，受植物自身特性、地域及自然条件的影响，同一区域的不同植物或同一植物在不同区域产生的成效存在差异。因此，遵循生态修复植物选择原则，选择适当的生态修复植物或搭配组合才能发挥出较好的成效。

（1）生态适应性原则

植物只有适应气候和土壤等外部环境才能存活和生长，在植物种选择时尤其要考虑立地条件下的限制性因子，同时也要考虑植被的快速恢复，选择适应性强且能够适应修复区环境条件的植物，并最终形成稳定的目标群落，达到生态修复的目的。植物选择不当将影响生态修复效果。

（2）乡土植物优先原则

生态修复应优先选用当地乡土植物。乡土植物资源丰富，对当地生态环境适应性和抗逆性强，不会对当地生态系统造成危害，能较快形成当地富有生物多样性的顶极群落。乡土植物能展示地方资源、自然风貌和景观文化的本土性，创造地方风格特色；此外还具有容易获取大量种苗、栽植管护简单、成活率高、修复成本低廉等优势。生态修复应慎用外来物种，确需引入的，应选择适应当地环境且不会造成生物入侵的物种，同时做好监测和监管工作。

（3）生物多样性原则

生物多样性是生态系统稳定性的基础，由多种植物形成的植被群落的生态稳定性明显优于植物种单一的植被群落。生态修复植物选择时应考虑植物种的多样性，必要时采取乔灌草多层次和多物种组合，形成综合稳定的复合植物生态系统。但不能为多样性而盲目增加植物种，造成植物群落失去应有的功能性和安全性。

（4）经济性原则

生态修复植物种类丰富，满足生态适应性、乡土植物优先等条件的植物种通常较多，在此基础上，选择来源广、易繁殖、苗木价格低、移栽成活率高、养护费用较低的植物种。植物种确定后，应在与栽植区生态条件相似的地区选购树苗，避免远途购苗，从而降低修复成本。

（5）生态效益与经济社会效益兼顾原则

生态修复植物应以生态效益为主，根据修复目标、修复区生态环境条件和当地社会经济状况，选择既能解决当地生态问题、改善生态环境，又能增加当地居民收入或提升区域景观的植物种或搭配组合，充分发挥生态修复植物的生态效益、经济效益和社会效益。

3）生态修复植物的作用

植物是生态修复的核心，通过对修复区植物的保护或种类和数量的调整，增强或改善修复植物与生态系统中生物与环境的关系，优化植物群落结构，促进生态系统信息传递、能量流动和物质循环。生态修复植物的作用主要体现在增加生物多样性、增强生态系统服务功能、改善水体质量、改善土壤性状、调节小气候、净化大气、提升景观和促进社会经济发展等方面。

（1）增加生物多样性、增强生态系统服务功能

生态修复植物在增加植被覆盖度的同时，通过枝叶阻挡，减少雨滴对表层土壤的直接冲击，通过地表枯落物拦截地表径流和增加入渗，减少坡面径流对地表的冲刷，加之植物根系固持土壤，能有效减少水土流失。通过改善群落组成与结构，生态修复工程中的植物措施对于增加群落稳定性和保护生物栖息环境具有重要意义，进而增加生物多样性，增强生态系统固碳释氧、水源涵养和水质净化等服务功能。

（2）改善水体质量

水生植物具有发达的根系，与水体的接触面积大，能够构成多层密集的过滤层，与根系微生物协同作用，通过过滤、吸收、降解、挥发和固定等途径降低水体中悬浮性颗粒、金属元素、有机污染物和放射性元素等物质浓度，从而改善水体质量。此外，水体外围的植被缓冲带通过拦截阻挡以及增加入渗等作用，减少坡面污染物进入水体。

（3）改善土壤性状

植物是土壤发生发展过程中最活跃的因素之一。植物生长发育过程中，根系的不断延伸和扩展使土壤更加疏松、透气及透水性增强、土壤结构得以改善；同时，根系分泌物能丰富土壤微生物群落，提升土壤酶活性。植物修复技术是土壤污染治理的重要手段，通过植物富集、固定、挥发、降解、转化和刺激等作用，能显著降低土壤中污染物浓度或减轻其危害程度。此外，植物残体经微生物分解合成和转化，增加土壤肥力和水稳性团聚体含量，增强土壤抗蚀能力，促进土壤发展演化。

（4）调节小气候

生态修复植物在有效提高植被覆盖度的基础上，通过遮阴作用和蒸腾作用，降低小范围空气温度，增加空气湿度，同时阻挡气流运动、减缓风速、改变风向和降低风能，有效调节和改善环境小气候，通常不同的植物配置发挥的调节和改善程度不同（蒋粤闽，2024）。

（5）净化大气

大气中污染物一般可分为物理性污染物、化学性污染物和生物性污染物三大类，部分生态修复植物不仅对大气中污染物表现出较强的抗性，还通过叶片表皮毛以及表皮分泌的黏液和油脂等物质对大气污染具有一定的净化能力。大气净化主要体现在：吸附大气中的粉尘等物理性污染物，同时通过光合作用吸收空气中的二氧化碳、放出氧气，使空气清新；吸收空气中的有害物质，如二氧化硫、氟化氢和氯气等化学性污染物，降低空气中有害气体的浓度，此外，还对酸沉降有很强的缓冲作用，减轻酸雨的危害；阻挡气流运动，减少微生物的传播，还通过分泌大量杀菌素来杀死空气中的部分有害菌。

（6）提升景观品质

生态修复工程中阔叶树种和彩叶植物的点状补植或大面积造林，可丰富群落植物组成，改变群落针阔叶比例和季相等外貌特征。在对景观要求较高的生态修复区，将生态修复与景观改造相结合，考虑区域环境的协调，通过对不同观赏价值较高的修复植物进行搭配组合，可显著提升群落外貌和区域景观品质。

（7）促进社会经济发展

在保证解决生态问题和改善生态现状的前提下，通过采用具有较高经济价值和观赏价值的植物，发展以果品、食用油料、工业原料和药材等为主要目的的经济林，实施乡村生态观光旅游。生态修复工程能改善当地居民生产生活条件、提高经济收入、促进区域经济发展，以经济发展反哺生态修复，实现可持续发展，以生态产业化和产业生态化的方式从根本上实现金山银山和绿水青山的融合。

2. 重庆常见生态修复植物概况

针对存在的主要生态问题，重庆市开展了岸线、地质灾害、水环境、面源污染、水土流失和石漠化综合治理，实施了矿山、森林和湿地生态保护修复，进行了乡村和城镇生态治理及环境提升。因修复目标和实施的环境条件不同，不同修复工程措施通常选择不同的植物或不同植物的搭配，使得重庆常见生态修复植物类型多样，种类丰富。

（1）物种组成

全市共有常见生态修复植物66科117属131种。各植物所属的科中，蔷薇科最多，共11种，占比8.40%；蔷薇科、豆科、禾本科、柏科、桑科、无患子科、大戟科、木兰科和木樨科共52种，占比39.69%。各植物所属的属中，李属最多，共5种，占比3.82%；李属、榕属、柑橘属、荚蒾属、箭竹属、木槿属、女贞属、槭属、山姜属和醉鱼草属相对较多，共24种，占比18.32%。

重庆市常见生态修复植物组成见表2-1。

表2-1　重庆市常见生态修复植物组成

序号	科名	数量/种	序号	科名	数量/种
1	蔷薇科	11	34	凤尾蕨科	1
2	豆科	8	35	海桐科	1
3	禾本科	6	36	胡桃科	1
4	柏科	5	37	夹竹桃科	1
5	桑科	5	38	菊科	1
6	无患子科	5	39	蜡梅科	1
7	大戟科	4	40	蓝果树科	1
8	木兰科	4	41	莲科	1
9	木樨科	4	42	罗汉松科	1
10	锦葵科	3	43	马桑科	1
11	千屈菜科	3	44	美人蕉科	1
12	天门冬科	3	45	葡萄科	1
13	芸香科	3	46	漆树科	1
14	樟科	3	47	茜草科	1
15	唇形科	2	48	山茶科	1
16	荚蒾科	2	49	山茱萸科	1
17	姜科	2	50	肾蕨科	1
18	金缕梅科	2	51	睡莲科	1
19	楝科	2	52	丝缨花科	1
20	桃金娘科	2	53	松科	1
21	五加科	2	54	苏铁科	1
22	小檗科	2	55	天南星科	1
23	玄参科	2	56	绣球花科	1
24	荨麻科	2	57	悬铃木科	1
25	杨柳科	2	58	蕈树科	1
26	棕榈科	2	59	杨梅科	1
27	芭蕉科	1	60	叶下珠科	1
28	菖蒲科	1	61	银杏科	1
29	大麻科	1	62	雨久花科	1
30	冬青科	1	63	鸢尾科	1
31	杜鹃花科	1	64	竹芋科	1
32	杜英科	1	65	紫茉莉科	1
33	杜仲科	1	66	紫葳科	1

（2）生活型

各生态修复植物的生活型中，乔木数量最多，共65种，占比49.62%；灌木次之，共36种，占比27.48%；草本共27种，占比20.61%，其中多年生草本26种，二年生草本仅1种（草木樨*Melilotus suaveolens*）；藤本共3种（地锦*Parthenocissus tricuspidata*、多花紫藤*Wisteria floribunda*和油麻藤*Mucuna sempervirens*），占比2.29%。

重庆市常见生态修复植物生活型见表2-2。

表2-2　重庆市常见生态修复植物生活型

序号	生活型	数量/种	序号	生活型	数量/种
1	乔木	65	4	藤本	3
2	灌木	36	5	二年生草本	1
3	多年生草本	26			

（3）植物类型

全市131种常见生态修复植物中，共有榕树（*Ficus microcarpa*）、乌桕（*Triadica sebifera*）和鸢尾（*Iris tectorum*）等103种乡土植物，占比78.63%；共有垂柳（*Salix babylonica*）、迎春花（*Jasminum nudiflorum*）和麦冬（*Ophiopogon japonicus*）等100种景观植物，占比76.34%；共有李（*Prunus salicina*）、柑橘（*Citrus reticulata*）和柚（*Citrus maxima*）等11种经济植物，占比8.40%。

3. 外来植物入侵

1）外来植物的入侵过程

学术界利用系列理论假说从外来种的生物学特性为出发点，揭示成功入侵的外来种取代土著种的原因（即外来种入侵力），这些机制理论包括天敌假说、入侵进化假说、空生态位假说、新型武器假说、干扰假说、物种丰富度假说、繁殖体压力假说和气候生态位变化假说等（表2-3），但目前关于外来种与土著种之间生态位差异或适合度差异的相对重要性，以及这些差异的来源是外来种的进化还是一些基因型的选择保留仍存在争议（唐龙 等，2021）。尽管外来植物如何具有较强的竞争排斥能力仍无法回答，但外来植物成功入侵的生态过程可明确地划分为侵入、定居、适应和扩展（变成有害种）等4个阶段，从上一个阶段到下一个阶段的成功率一般为10%。

表2-3　外来种成功入侵受体群落的主要假说

序号	假说类型	定义	参考文献
1	天敌假说	外来物种失去控制其种群增长的天敌	Hierro，2005
2	入侵进化假说	面对新的环境中新的选择压力，外来物种经历了快速的遗传变化	Eppinga，2006
3	空生态位假说	由于来自物种丰富度高的区域而具有低的资源需求，或者生态位与土著种的差异显著，外来种可利用土著物种不能利用的生态位	Stachowicz and Tilman，2005

续表

序号	假说类型	定义	参考文献
4	新型武器假说	外来物种将新的生物化学相互作用方式引入受体群落	Callaway and Aschehoug，2000
5	干扰假说	外来物种适应于干扰的受体群落类型以及相对于当地物种较异常的干扰强度。外来种子产量、质量高，因此可耐受土著物种不能耐受的干扰类型及强度	Baker，1974
6	物种丰富度假说	物种组成丰富的群落较物种组成简单的群落对生物入侵的抵抗能力要强	Elton，1958
7	繁殖体压力假说	外来物种在受体群落中入侵水平的变异是由于其到达该群落的数量不同。到达的繁殖体越多，入侵成功的可能性越高	Williamson and Fitter，1996
8	气候生态位变化假说	从限制因素中释放，或有效的空闲生态位存在，释放实际生态位；进化可扩大基础生态位；外来种据此具有新的气候生态位	Darwin，1995；Broennimann，2007

（1）侵入

侵入是指外来植物离开原生存的生态系统到达一个新环境，此过程通常划分为3种方式：自然传入、有意引入和无意引入。

①自然传入。

自然传入是指非人为因素引起的，而是外来植物通过自身繁殖扩散或借助风力、水流、动物等途径，使得植物种子发生自然迁移而在迁入地造成生物危害。

②有意引入。

有意引入是指人们出于农林牧渔业生产、生态环境建设、生态保护、观赏和科研等目的而有意引进某些物种，后失去控制导致逃散。由于生存环境和食物链发生改变，部分引进的物种在缺乏天敌制约的情况下泛滥成灾。

③无意引入。

无意引入是指某个物种以运输工具、货物、人类和动物身体等为媒介，扩散到其自然分布范围以外的地方。该入侵途径虽为人为引进，但在主观上并无引进的意图。

（2）定居

定居是指外来植物经过当地生态条件的驯化，能够生长发育并且繁殖，并至少完成了一个世代。通常情况下，生态系统中存在较强的人类或自然干扰、具有外来植物足够的可利用资源，同时缺乏其天敌等自然控制因素时，容易遭受外来植物入侵。入侵较严重的区域如：港口和口岸附近，铁路和公路两侧，人为干扰严重的森林和草场，生态脆弱的岛屿和岸线，火灾或洪水等破坏后的区域。

（3）适应

适应是指外来植物已经繁殖几代，由于入侵时间短、个体基数少、种群增长不快，但每一代个体适应能力都在增强。表型可塑性是生物体在不同环境中表现不同特征和特性的能力，在生物中普遍存在这种现象。在外来入侵植物入侵过程中，表型可塑性强的入侵植物具有强大的适应性，可以促使其成功入侵。外来入侵植物的表型可塑性通过在定殖与种群建立过程中的前适应机制和潜伏与扩散传播过程中的后适应机制拓宽了生态幅，作用于进化和自然选择的速度，从而增强了外来入侵植物的入侵性（宫伟娜 等，2009）。能否足够适应新环境是外来植物能否大规模扩展的关键。

（4）扩展

扩展是指外来植物种群已基本适应当地生态系统，发展到一定数量具有合理的年龄结构和性比，并具有快速增长和扩散的能力，当地又缺乏控制该物种种群数量的生态调节机制，于是大肆传播，形成爆发，并导致生态和经济危害。外来植物入侵成活后，经过一定时期定殖之后才会爆发性扩展，扩展的主要手段是传播繁殖体。通常而言，外来植物的生存需要一个关键的最小面积和种群数量，若未超过该面积和数量，就难以增殖扩展。进入扩展阶段意味着外来植物成功入侵，超强的生态适应能力、繁殖能力和传播能力是其成功入侵的基本条件。成功入侵是外来植物转变为入侵植物的标志。

外来植物侵入新环境后，除成功入侵成为入侵植物外还存在其他4种发展途径：一是无法适应新环境而自行灭失；二是在人为或其他因素作用下灭失；三是适应当地环境后，能实现种群的自我维持且不再爆发性增长以致带来生态灾难，成为归化植物；四是不适应新环境而被排斥，必须依靠人类的帮助才能生存，同时经过人工培育后具有一定价值，成为栽培植物，如小麦（*Triticum aestivum*）、番茄（*Solanum lycopersicum*）、西瓜（*Citrullus lanatus*）、棉花（*Gossypium hirsutum*）和苜蓿（*Medicago sativa*）等。

2）入侵植物的危害

随着国际贸易的不断扩大和全球旅游业的迅速发展，外来植物入侵问题正在成为新的威胁。外来入侵植物正危及区域生态安全，同时影响社会发展，危害人类健康，造成严重的经济损失。

（1）危及区域生态安全

尽管入侵植物的大量迁入可能会增加总体的物种丰富度，但由于其超强的生态适应能力、繁殖能力和传播能力，同时入侵植物可通过化感作用抑制本地植物生长，通过竞争和占据本地植物生态位，使本地植物失去生存空间被取代，甚至消失；群落的组成与结构发生改变，稳定性降低，形成大面积单优群落，致使依赖于当地原有物种多样性生存的其他物种的栖息环境减少或丧失，引起生物多样性下降，破坏景观的自然性和完整性。此外，随着生境片段化，残存的次生植被常被入侵植物分割、包围和渗透，使本土植物种群进一步破碎化，造成一些植被的近亲繁殖和遗传漂变，影响遗传多样性。入侵植物对生态系统的威胁是长期的、持久的。当一种外来植物停止传入一个生态系统后，已传入的该物种个体并不会自动消失，而大多会在新的环境中大肆繁殖和扩散。由入侵植物的排斥和竞争导致灭绝的本地特有植物通常是不可恢复的。

（2）影响社会发展

部分入侵植物通过大量繁殖扩散，已经严重影响居民生产生活。例如大面积的大漂（*Pistia stratiotes*）和凤眼莲（*Eichhornia crassipes*）覆盖于水体表面，阻塞河道和水渠，影响行洪和航运，威胁周围居民和牲畜生活用水安全，给种植业、淡水养殖业、水利业及水上航运业等带来了极其不利的影响。

（3）危害人类健康

部分入侵植物植株中含有有害成分，接触或误食后易危害人类健康。例如毒麦（*Lolium temulentum*）的种子中含有毒性较强的"毒麦碱"，人畜误食后可引起中毒，导致恶心、眩晕、呕吐、腹痛、腹泻、全身乏力、发热等症状，严重时可能会出现发抖、痉挛、嗜睡、昏迷等症状，甚至因中枢神经系统麻痹而死亡。此外，大量的水葫芦（凤眼莲的俗称）给蚊蝇等卫生害虫提供了良好的生存环境，对人类健康构成了威胁。

（4）造成经济损失

部分入侵植物大肆蔓延且难以除治，直接危害农林牧渔业经济发展，导致生产力降低，造成严重的经济损失。例如水葫芦和大漂等的大面积覆盖，降低水中的溶解氧，抑制浮游生物生长，影响水产养殖，其死亡后的残体腐烂会对水体造成二次污染。此外，部分入侵植物进入公园、草坪等城市绿地，破坏园林景观，加大养护成本。

3）入侵植物的等级划分

基于文献报道、野外调查、标本记录和必要的分类学考证，根据外来入侵植物的生物学与生态学特性、自然地理分布、入侵范围以及所产生的危害，将其划分为5类：恶性入侵类、严重入侵类、局部入侵类、一般入侵类和有待观察类（闫小玲 等，2014）。

1级：恶性入侵植物，是指在省级层面已经对经济和生态环境造成巨大损失和严重影响的物种。

2级：严重入侵植物，指在省级层面已对经济和生态环境造成较大损失和明显影响的物种。

3级：局部入侵植物，指在省级层面没有造成大规模危害的物种。

4级：一般入侵植物，不论入侵范围广泛与否，根据其生物学和生态学特性已经确定其危害不大或不明显，并且难以形成新的入侵发展趋势。

5级：有待观察类植物，此类物种研究不够充分，主要是一些出现时间短或最新报道的、目前了解不深入而无法确定未来发展趋势的物种。

4）入侵植物防治

随着全球化趋势的加快，植物越过地理屏障的机会增加，同时全球气候变暖可能为植物提供更加适宜的生存环境，外来植物入侵的态势可能进一步加剧。有效预防外来植物入侵，迅速遏制入侵植物的扩散蔓延，阻止生态环境的进一步恶化，将有利于保护区域生态安全，促进经济和社会可持续发展，为此，应在信息流通与共享、立法与管理、公众参与和教育、检疫和阻截、评估与监测、入侵植物控制和入侵植物利用等方面采取有效的对策。

（1）信息流通与共享

国内目前在植物入侵方面存在大量信息，但在不同地区、行业和部门间仍缺乏有效沟通。

在国际上，世界各国普遍重视入侵植物防控，美国、加拿大、英国、澳大利亚、南非和德国等众多国家都已经建立了各自国家的入侵植物信息数据库，同时在外来植物的入侵机制、入侵历史、入侵速率、入侵区域预测以及影响外来植物入侵的因素等方面开展了大量研究。因此，建立全国层面统一的数据平台，加强植物入侵信息在国内和国际的流通与共享，将有助于入侵植物防控。

（2）立法与管理

我国关于防治外来植物入侵的法律制度建设起步较晚，早期主要参照一些单行法规、管理条例或实施细则，如《中华人民共和国进出境动植物检疫法》《中华人民共和国进出境动植物检疫法实施条例》《植物检疫条例》《中华人民共和国渔业法》《中华人民共和国对外贸易法》和《中华人民共和国货物进出口管理条例》等。《中华人民共和国生物安全法》和《外来入侵物种管理办法》分别于2021年和2022年正式实施，从职责分工、源头预防、监测与预警、治理与修复等方面明确了法律依据，标志着我国外来入侵植物防治立法工作取得重大进展。下一步，针对入侵植物态势的差异，不同地区、不同部门和不同行业应完善规章制度，健全我国入侵植物防治法治体系。

（3）公众参与和教育

多渠道多模式强化外来入侵植物的科普教育，充分调动公众的积极性，增强公众对入侵植物危害社会经济发展和生态环境的认识以及对入侵植物的辨识能力，提高全社会防范意识，建立新的生物防治道德规范，降低乃至避免入侵植物的人为传播途径，形成全民参与防控外来植物入侵的社会氛围。

（4）检疫和阻截

健全风险评估和监测预警机制、安全准入机制、检疫除害处理机制，加强口岸植检规范化建设，提高植物检疫科学性、规范性和权威性，构建完善外来入侵植物防控体系和技术支撑保障体系，充分发挥边境海关检疫和阻截作用，守护国家生物安全和社会经济可持续发展。

（5）评估与监测

外来植物引入前，应进行充分且科学的评估、预测和测验，风险较大的外来植物不予引入。对已存在的入侵植物，根据区域气候条件，对其起源地、分布、入侵历史、入侵途径、传播与繁殖方式、危害性、防治措施及成效等进行系统研究，构建外来入侵植物风险评估体系和预警机制（张正云，2022），研发有效防控技术。定期开展外来入侵植物调查监测，掌握入侵植物动态变化情况，根据风险评估结果和预警情况，及时采取防治措施。

（6）入侵植物控制

对于已传入并造成危害的入侵植物，应迅速采取控制措施，常见的控制措施包括人工防治、机械或物理防治、生物防治、化学防治和综合防治等。

人工防治是指依靠人力拔除入侵植物，是简便和清洁的生态防治方式。该方式适宜于传入和定居时间短、还未大面积扩散的植物，能在短时间内迅速清除入侵植物，但对水和土壤中的植物种子无能为力。人工防治后高繁殖力的入侵植物容易再次生长繁衍，需要长期防治，同时残株必须及时妥善处置，否则可能成为新的传播源，加速外来植物的入侵。

机械或物理防治是指利用专门设计制造的机械设备或者通过火烧等物理学途径防治入侵植物。该方式对环境安全友好，短时间内可迅速杀灭一定范围内的入侵植物，但机械防治后未妥善处理的植物残株可能依靠无性繁殖成为新的传播源。

生物防治是指依据生态平衡理论从入侵植物的原产地引进食性专一的天敌将入侵植物的种群密度控制在生态和经济危害水平之下。生物防治的一般工作程序：在原产地考察、采集天敌、天敌的安全性评价、引入与检疫、天敌的生物生态学特性研究、天敌的释放与效果评价。生物防治具有控效持久、防治成本相对低廉的优点，但从释放天敌到获得明显的控制效果通常需要几年甚至更长时间。此外，引进天敌具有一定的生态风险性，释放天敌前需经过谨慎和科学的风险分析。

化学防治是指利用化学除草剂防治入侵植物，具有使用方便、见效快、易于大面积推广应用等特点。此外，化学防治可能杀灭部分本地生物；费用较高，难以大面积使用；在水库湖泊等特殊环境中被限制使用；难以杀死植株根系，需连续施用，防治效果难以持久。

综合防治是指将人工防治、机械或物理防治、生物防治和化学防治等单项技术融合起来，发挥各自优势、弥补各自不足，达到综合控制入侵植物的目的。综合防治并不是各种技术的简单相加，而是它们有机的融合，彼此相互协调、相互促进，通常具有速效性、持续性、安全性和经济性等特点。

（7）入侵植物利用

依据入侵植物的生物学特性及其可利用物质类型、潜在生物活性，挖掘其饲用和药用价值，开展其成本-收益分析论证和资源化利用研究，利用现代生物技术将入侵植物资源转化为具有生物功能的资源性物质，实现其精细高值资源化利用，构建形成入侵植物综合高效利用产业链。此外，部分入侵植物具有较高的观赏价值，在可控的条件下可用于绿地建设。植物入侵发生在许多自然条件被改变的景观中，在某些情况下，本地物种能从入侵引起的资源可用性变化或由入侵植物提供的保护中获利（Tassin et al., 2015），因此应加强科学研究，诱导入侵植物在生态系统中发挥积极作用。入侵植物的利用不仅解决了其有效治理问题，同时化害为利、变废为宝，具有重要的社会经济和生态效益，但在此过程中应严防新的人为扩散。

4. 重庆常见入侵植物概况

重庆市地形地貌复杂，气候类型多样，雨量充沛，热量丰富，为生物生长发育提供了优越的条件，因而生物多样性较为丰富。与此同时，随着经济全球化和经济社会发展，重庆区域内人类活动强度加大，入侵植物数量、种类、分布范围、危害程度等均已达到相当严峻的程度，对区域生态环境造成了很大的破坏（杨丽 等，2008）。

（1）物种组成

全市共有常见入侵植物28科60属82种。各植物所属的科中，菊科最多，共24种，占比29.27%；菊科、苋科、茄科、豆科和大戟科共49种，占比59.76%。各植物所属的属中，苋属、飞蓬属、大戟属、茄属、决明属和番薯属相对较多，共22种，占比26.83%。

重庆市常见外来入侵植物组成见表2-4。

表2-4　重庆市常见外来入侵植物组成

序号	科名	数量/种	序号	科名	数量/种
1	菊科	24	15	凤仙花科	1
2	苋科	8	16	夹竹桃科	1
3	豆科	6	17	锦葵科	1
4	茄科	6	18	景天科	1
5	大戟科	5	19	落葵科	1
6	禾本科	3	20	牻牛儿苗科	1
7	旋花科	3	21	莎草科	1
8	柳叶菜科	2	22	商陆科	1
9	马鞭草科	2	23	天南星科	1
10	伞形科	2	24	土人参科	1
11	十字花科	2	25	小二仙草科	1
12	仙人掌科	2	26	荨麻科	1
13	酢浆草科	2	27	雨久花科	1
14	车前科	1	28	紫茉莉科	1

（2）生活型

各入侵植物的生活型中，各类草本植物共71种，占比86.59%，其中一年生草本44种、二年生草本2种、多年生草本25种，这与草本植物较强的生态适应能力、繁殖能力和传播能力等生长特性密切相关；灌木9种，占比10.98%；乔木（刺槐*Robinia pseudoacacia*）和藤本（落葵薯*Anredera cordifolia*）各1种。

重庆市常见外来入侵植物生活型见表2-5。

表2-5　重庆市常见外来入侵植物生活型

序号	生活型	数量/种	序号	生活型	数量/种
1	一年生草本	44	4	二年生草本	2
2	多年生草本	25	5	乔木	1
3	灌木	9	6	藤本	1

（3）分布

从行政区划来看，全市均有入侵植物分布，其中主城都市区入侵植物种类较多、危害程度较大，渝东南武陵山区城镇群和渝东北三峡库区城镇群入侵植物种类较少、危害程度较小。从生态系统来看，全市生态系统类型多样，主要为农田生态系统、森林生态系统、湿地生态系统、草地生态系统、灌丛生态系统和城镇生态系统，各生态系统均具有入侵植物分布，其中，农田生态系统和城镇生态系统中入侵植物种类较多、危害程度较大。从分布生境来看，耕地（旱地、水浇地、水田）、园地（果园、茶园、其他园地）、城镇村及工矿用地（城镇公园绿地、村庄用地、采矿用地）、交通运输用地（铁路用地、公路用地、农村道路、其他交通运输用地）和水域及水利设施用地等不同生境（河流、水库、湖泊、坑塘、沟渠、其他水域）均发现外来植物入侵，其中以耕地、城镇村及工矿用地和交通运输用地尤为严重。

（4）原产地

各入侵植物的原产地中，源自美洲的数量最多，共62种，占比75.61%，其原因可能是重庆属中亚热带东部偏湿性季风气候，同美洲大陆部分地区气候相似，且该气候型夏季高温多雨，冬季温和少雨，适宜植物生长，入侵植物更容易找到适宜的生境，从而定植和扩散。此外，7种入侵植物分别源自欧洲和亚洲，占比均为8.54%；6种入侵植物源自非洲，占比7.32%。

（5）引入途径

各入侵植物的引入途径中，有意引入的入侵植物最多，共50种，占比60.98%，有意引入是入侵植物的主要引入途径；无意引入的次之，共29种，占比35.37%；自然传入的最少，共3种，占比3.66%。

（6）入侵等级

各入侵植物的入侵等级中，恶性入侵植物最多，共21种，占比25.61%；严重入侵植物次之，共20种，占比24.39%；局部入侵植物共11种，占比13.41%；一般入侵植物共16种，占比19.51%；有待观察类植物共14种，占比17.07%。恶性入侵、严重入侵和局部入侵植物占比达63.41%，表明重庆入侵植物入侵等级较高，危害程度较严重。

5. 生态修复中常用的入侵植物

乡土植物经历了漫长的演化过程，适应当地的生境条件，具有较强的适应性、稳定性、抗逆性与持久性，而且成本低、种类多、易栽培，在生态修复中具有其他植物不可替代的优势。然而，由于设计人员或施工人员对乡土植物和入侵植物认识不足，当前部分生态修复工程采用了入侵植物，未全部采用乡土植物。重庆生态修复中常用的入侵植物共20种，在物种组成方面，菊科6种，豆科4种，马鞭草科2种，三者共占60.0%；在生活型方面，多年生草本10种，一年生草本6种，二者共占80.0%。

较高的观赏价值和较好的生态功能是部分入侵植物被引入且用于生态修复的主要原因。重庆生态修复中常用的入侵植物均为有意引入，同时90%观赏价值较高，以观花植物为主，通常用于城市绿地建设和道路两侧绿化等对景观要求较高的区域。20种入侵植物中，恶性入侵和局部入侵均为2种，严重入侵3种，一般入侵5种，有待观察8种。在可控条件下，这些入侵植物能发挥出最大的观赏价值和较好的生态功能，但部分由于疏于管理而逃逸并扩散，如大薸、粉绿狐尾藻（*Myriophyllum aquaticum*）、马缨丹（*Lantana camara*）和银合欢（*Leucaena leucocephala*）等，降低了生态修复成效，对生态系统和景观产生了消极影响。

生态修复中常用的入侵植物见表2-6。

表2-6　生态修复中常用的入侵植物

序号	植物名	科名	属名	入侵等级	生活型	引入途径
1	白车轴草	豆科	车轴草属	严重入侵	多年生草本	有意引入
2	滨菊	菊科	滨菊属	有待观察	多年生草本	有意引入

续表

序号	植物名	科名	属名	入侵等级	生活型	引入途径
3	刺槐	豆科	刺槐属	一般入侵	乔木	有意引入
4	大薸	天南星科	大薸属	恶性入侵	多年生草本	有意引入
5	粉绿狐尾藻	小二仙草科	狐尾藻属	局部入侵	多年生草本	有意引入
6	风车草	莎草科	莎草属	有待观察	多年生草本	有意引入
7	凤仙花	凤仙花科	凤仙花属	有待观察	一年生草本	有意引入
8	剑叶金鸡菊	菊科	金鸡菊属	局部入侵	多年生草本	有意引入
9	黄秋英	菊科	秋英属	一般入侵	一年生草本	有意引入
10	柳叶马鞭草	马鞭草科	马鞭草属	有待观察	多年生草本	有意引入
11	马利筋	夹竹桃科	马利筋属	有待观察	多年生草本	有意引入
12	马缨丹	马鞭草科	马缨丹属	恶性入侵	灌木	有意引入
13	秋英	菊科	秋英属	一般入侵	一年生草本	有意引入
14	山桃草	柳叶菜科	月见草属	严重入侵	多年生草本	有意引入
15	双荚决明	豆科	决明属	有待观察	灌木	有意引入
16	天人菊	菊科	天人菊属	有待观察	一年生草本	有意引入
17	万寿菊	菊科	万寿菊属	一般入侵	一年生草本	有意引入
18	银合欢	豆科	银合欢属	严重入侵	灌木	有意引入
19	紫茉莉	紫茉莉科	紫茉莉属	一般入侵	一年生草本	有意引入
20	紫叶酢浆草	酢浆草科	酢浆草属	有待观察	多年生草本	有意引入

第一章　重庆常见生态修复植物

1. 八角枫 *Alangium chinense*

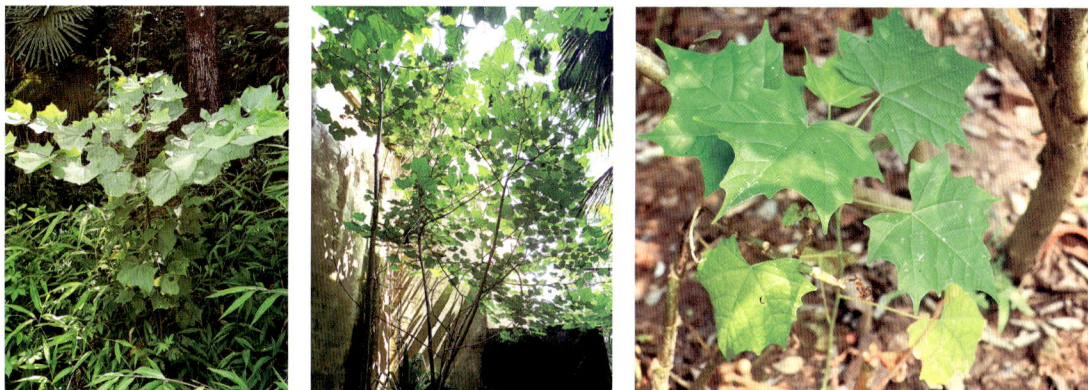

[分类地位] 山茱萸科Cornaceae，八角枫属*Alangium*。

[中文别名] 枢木、华瓜木、豆腐柴。

[性状特征] 落叶乔木或灌木，小枝微呈之字形，无毛或被疏柔毛。叶近圆形，先端渐尖或急尖，基部两侧常不对称。不定芽长出的叶常5裂，基部心形。聚伞花序腋生，花瓣长1～1.5 cm，白或黄色。花期5—7月和9—10月，核果卵圆形，果期7—11月。

[生长习性] 阳性树种，稍耐阴，生于海拔1 800 m以下的山地或疏林中，对土壤要求不高，喜肥沃、疏松、湿润的土壤，具一定耐寒性，萌芽力强，耐修剪，根系发达，适应性强。

[应用场景] 根系发达，对防止水土流失有良好的作用，适用于山坡地造林、四旁绿化或林相改造，亦可做观赏植物。

2. 八角金盘 *Fatsia japonica*

[分类地位] 五加科Araliaceae，八角金盘属*Fatsia*。

[中文别名] 八金盘、八手、手树、金刚纂。

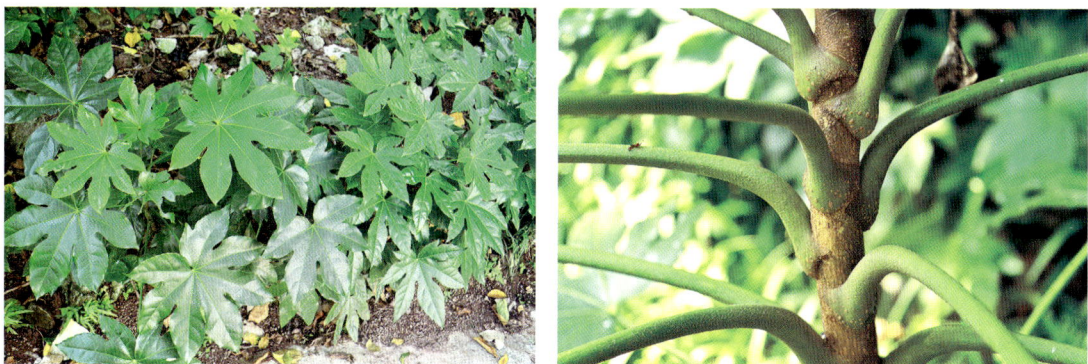

[**性状特征**] 灌木，高可达5 m。幼枝，叶和花序密被的绵状绒毛，过后脱落。叶柄10～30 cm；叶片近圆形，宽（5～）7～9（～11）cm，革质，具7～9深裂。花序聚生为伞形花序，再组成顶生圆锥花序。果实球状，直径约5 mm。花期10—11月，果期5月—翌年2月。

[**生长习性**] 生于海拔200 m以下，喜湿暖、湿润的气候，耐阴，不耐干旱，有一定耐寒力。宜种植在排水良好和湿润的砂质壤土中。

[**应用场景**] 适宜城市绿地建设，种植于林下、林缘或道旁，可增加植被层次；对地表覆盖性好，可在短期内改善地表裸露状况。

3. 芭蕉 *Musa basjoo*

[**分类地位**] 芭蕉科Musaceae，芭蕉属*Musa*。

[**中文别名**] 芭蕉树。

[**性状特征**] 植株高2.5～4 m。叶片长圆形，长2～3 m，宽25～30 cm，先端钝，基部圆形或不对称，叶面鲜绿色，有光泽；叶柄粗壮，长达30 cm。花序顶生，下垂。浆果三棱状，长圆形，长5～7 cm，具3～5棱，近无柄，肉质，内具多数种子。

[**生长习性**] 生长于海拔500～800 m，不耐寒，冬季须保持4 ℃以上，耐半阴，喜土层深厚、湿润、疏松、肥沃、透气性和排水良好的土壤。

[**应用场景**] 用于四旁绿化，多栽培于庭园农舍附近，或用于城市绿地建设，具有较高的观赏价值。

4. 白背枫 *Buddleja asiatica*

[分类地位] 玄参科Scrophulariaceae，醉鱼草属*Buddleja*。

[中文别名] 七里香、驳骨丹、白叶枫、狭叶醉鱼草、山埔姜。

[性状特征] 小乔木或灌木状。叶对生，膜质或纸质，披针形或长披针形，全缘或具细齿。多个聚伞花序组成总状花序，或3至数个聚生枝顶及上部叶腋组成圆锥状花序；花小，白色。蒴果椭圆形，种子两端具短翅。花期1—10月，果期3—12月。

[生长习性] 生于海拔200～3 000 m，适应性强，耐土壤瘠薄，耐盐碱，对土壤无特殊要求，在砂土、砂壤土及壤土上生长良好。

[应用场景] 常用于矿山排土场修复、矸石山治理以及道路边坡绿化。

5. 柏木 *Cupressus funebris*

[分类地位] 柏科Cupressaceae，柏木属*Cupressus*。

[中文别名] 柏树、柏香树、柏木树、黄柏、垂丝柏、香扁柏。

[性状特征] 乔木，树皮淡褐灰色，裂成窄长条片；小枝细长下垂，生鳞叶的小枝扁，排成一平面，绿色，宽约1 mm，较老的小枝圆柱形，暗褐紫色。鳞叶二型，中央之叶的背部有条状腺点，两侧的叶对折，背部有棱脊。球果圆球形，熟时暗褐色。

[生长习性] 喜温暖湿润气候，耐寒，中性、微酸性及钙质土壤均能生长，耐干旱瘠薄，也稍耐水湿，在上层浅薄的钙质紫色土和石灰土上也能正常生长，尤以在石灰岩山地钙质土上生长良好。

[应用场景] 柏木为我国特有树种，适用于山坡地造林、四旁绿化或林相改造，或用于城市绿地建设，具有较高的观赏价值。

6. 斑茅 *Saccharum arundinaceum*

[分类地位] 禾本科Poaceae，甘蔗属*Saccharum*。

[中文别名] 大密、巴茅。

[性状特征] 多年生高大丛生草本。秆粗壮，具多数节，无毛。叶鞘长于其节间，基部或上部边缘和鞘口具柔毛；叶舌膜质，长1~2 mm，顶端截平；叶片宽大，线状披针形，顶端长渐尖，基部渐变窄，中脉粗壮，无毛，上面基部生柔毛，边缘锯齿状粗糙。

[生长习性] 适应性较强、耐旱、耐涝，多生于潮湿生境，在土质疏松肥沃的溪流边、山间谷地、河漫滩的砂土地上生长良好；对土壤要求不严，在pH = 5.5~6的酸性红壤和在微碱性土壤上均可生长。

[应用场景] 适用于荒地、道路或岸线边坡植被快速恢复，亦可作观赏植物进行点缀。

7. 北美海棠 *Malus* 'American'

[分类地位] 蔷薇科Rosaceae，苹果属*Malus*。

[中文别名] 无。

[性状特征] 落叶小乔木，株高一般为5~7 m，呈圆丘状，或者整株直立呈垂枝状。树干颜色为新干棕红色，黄绿色，老干灰棕色，有光泽，观赏性高。花量大，花色多，有白色、粉色、红色、鲜红色，多有香气。果实扁球形。

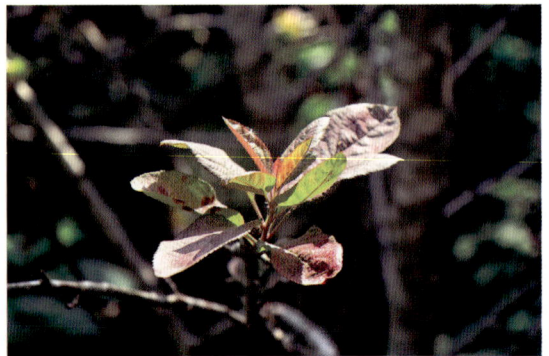

[生长习性] 耐寒，适应性强，对土壤要求不严，硬质土壤、干旱及排水不畅等条件对其生长影响不大，但不耐过度干旱及碱性太强的土壤。

[应用场景] 适用于四旁绿化和矿山植被修复，亦可用于城市绿地建设，具有较高的观赏价值。

8. 草木樨 *Melilotus suaveolens*

[分类地位] 豆科Fabaceae，草木樨属*Melilotus*。

[中文别名] 黄花草、铁扫把、省头草、辟汗草、野苜蓿。

[性状特征] 二年生或一年生草本。主根深达2 m以下。茎直立，多分枝，高50~120 cm。羽状三出复叶，小叶先端钝，基部楔形，叶缘有疏齿。总状花序腋生或顶生，花小，黄色。荚果卵形或近球形，长约3.5 mm，成熟时近黑色，具网纹，含种子1粒。

[生长习性] 适应性强，耐寒、耐旱、耐高温、耐酸碱和耐贫瘠，喜阳光，最适于在湿润肥沃的砂壤地上生长。

[应用场景] 可用于矿山植被修复、道路边坡复绿、退化草地修复等。

9. 菖蒲 *Acorus calamus*

[分类地位] 菖蒲科Acoraceae，菖蒲属*Acorus*。

[中文别名] 剑叶菖蒲、大叶菖蒲、土菖蒲、家菖蒲、水剑草。

[性状特征] 多年生草本。根茎横走，稍扁，分枝，直径5~10 mm，外皮黄褐色，肉质根多数，长5~6 cm，具毛发状须根。叶基生，叶片剑状线形，长90~100 cm，侧脉3~5对，平行，大都伸延至叶尖。花黄绿色。浆果长圆形，红色。花期（2—）6—9月。

[生长习性] 喜冷凉湿润气候和阴湿环境，耐寒，忌干旱。最适宜生长的温度为20~25 ℃，10 ℃以下停止生长，冬季以地下茎潜入泥中越冬；生于海拔2 600 m以下的水边、沼泽湿地或湖泊浮岛上。

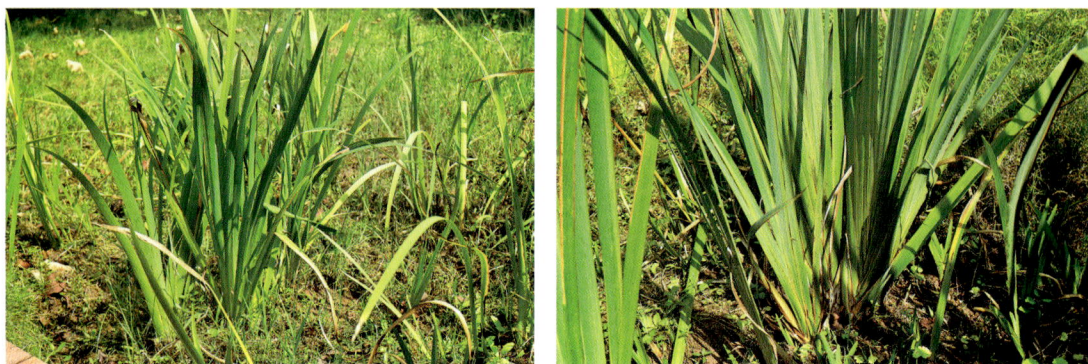

[应用场景] 适用于湿地和岸线植被修复、水体质量改善及景观提升，观赏价值较高。

10. 池杉 *Taxodium distichum* var. *imbricatum*

[分类地位] 柏科Cupressaceae，落羽杉属*Taxodium*。

[中文别名] 沼落羽松、池柏、沼杉。

[性状特征] 乔木，树干基部膨大，通常有屈膝状的呼吸根；枝条向上伸展，树冠较窄；当年生小枝绿色，细长，二年生小枝呈褐红色。叶钻形，微内曲，在枝上螺旋状伸展。球果圆球形或矩圆状球形，有短梗，向下斜垂，熟时褐黄色。花期3—4月，球果10月成熟。

[生长习性] 萌芽力强，为速生树种；不耐庇荫，抗风力强，耐寒性强，耐湿性强，长期浸在水中也能正常生长，具一定耐旱性；喜深厚、疏松、湿润的酸性土壤。

[应用场景] 适用于低洼湿地、岸线等区域植被修复、水体质量改善及景观提升，观赏价值较高。

11. 垂柳*Salix babylonica*

[分类地位] 杨柳科Salicaceae，柳属*Salix*。

[中文别名] 柳树。

[性状特征] 乔木，树冠开展而疏散。树皮灰黑色，不规则开裂；枝细，下垂，淡褐黄色、淡褐色或带紫色，无毛。叶狭披针形或线状披针形，先端长渐尖。花序先叶开放，或与叶同时开放。蒴果长3~4 mm，带绿黄褐色。花期3—4月，果期4—5月。

[生长习性] 喜光，喜温暖湿润气候及潮湿深厚的酸性及中性土壤；较耐寒，特耐水湿，但亦能生于土层深厚的干燥地区。

[应用场景] 萌芽力强，生长迅速，根系发达，适用于湿地、岸线或路旁等区域植被修复及景观提升，观赏价值较高。

12. 垂枝红千层*Callistemon viminalis*

[分类地位] 桃金娘科Myrtaceae，红千层属*Callistemon*。

[中文别名]串钱柳、澳大利亚红千层。

[性状特征]常绿灌木或小乔木，幼枝和幼叶有白色柔毛，枝条柔软下垂。叶互生，纸质，披针形或窄线形，长3～8 cm，宽2～5 mm，坚硬，无毛，有透明腺点。穗状花序顶生，有多数密生的花。蒴果顶端开裂，半球形。花期4—9月，果熟期8月及12月。

[生长习性]耐－5 ℃低温和45 ℃高温，生长适温为25 ℃左右。对水分要求不严，但在湿润的条件下生长较快。喜温暖湿润气候，喜光，喜肥沃、酸性土壤，也耐瘠薄。

[应用场景]适用于湿地、岸线或路旁等区域植被修复及景观提升，观赏价值较高。

13. 慈竹*Bambusa emeiensis*

[分类地位]禾本科Poaceae，簕竹属*Bambusa*。

[中文别名]甜慈、酒米慈、钓鱼慈、丛竹。

[性状特征]竿高5～10 m，梢端细长作弧形向外弯曲或幼时下垂如钓丝状，全竿共30节左右；节间圆筒形。竿每节约有20条以上的分枝，呈半轮生状簇聚。末级小枝具数叶乃至多叶；叶片窄披针形，上表面无毛，下表面被细柔毛。笋期6—9月，花期多在7—9月。

[生长习性]喜温暖湿润气候及肥沃疏松土壤，干旱瘠薄处生长不良。

[应用场景]生长较快，繁殖迅速，适用于荒坡地造林、森林林相改造、江河库岸和道路两侧植被绿化，或点缀于公园绿地。

14. 刺桐*Erythrina variegata*

[分类地位]豆科Fabaceae，刺桐属*Erythrina*。

[中文别名]海桐、山芙蓉、空桐树、木本象牙红。

[性状特征]大乔木，枝有明显叶痕及短圆锥形的黑色直刺，髓部疏松，颓废部分成空腔。羽状复叶具3枚小叶，小叶膜质，基脉3条，侧脉5对；小叶柄基部有一对腺体状的托叶。总状花序顶生，花冠红色。荚果黑色，肥厚。花期3月，果期8月。

[生长习性] 耐旱，耐湿，对土壤要求不严，不耐寒，冬季温度应保持4 ℃以上；喜温暖湿润、光照充足的环境，喜肥沃、排水良好的砂壤土。

[应用场景] 萌发力强，生长快，适用于矿山植被修复、岸线边坡治理、道路两侧绿化或点缀于公园绿地。

15. 地锦*Parthenocissus tricuspidata*

[分类地位] 葡萄科Vitaceae，地锦属*Parthenocissus*。

[中文别名] 爬墙虎、铺地锦、地锦草、爬山虎。

[性状特征] 木质藤本。小枝圆柱形，几无毛或微被疏柔毛。卷须5~9分枝，相隔2节间断与叶对生。卷须顶端嫩时膨大呈圆珠形，后遇附着物扩大成吸盘。叶为单叶，叶片顶端裂片急尖，基部心形，边缘有粗锯齿，基出脉5条。花期5—8月，果期9—10月。

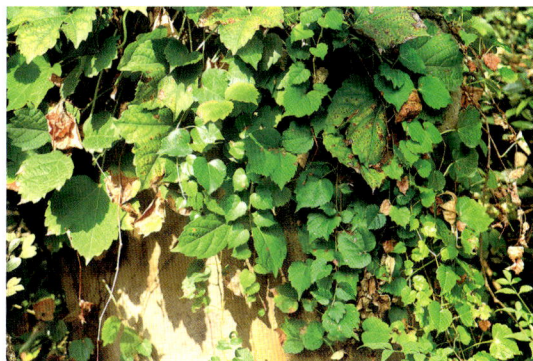

[生长习性] 适应性强，耐寒，耐旱，耐贫瘠，对土壤要求不严；气候适应性广泛，在暖温带以南冬季也可保持半常绿或常绿状态。喜阴湿环境，在阴湿、肥沃的土壤中生长最佳。

[应用场景] 枝叶茂密，分枝多而斜展，是优良的垂直绿化植物，适用于矿山边坡、道路边坡和地质灾害边坡岩土体绿化，亦可用于建构筑物表面植被覆绿。

16. 地桃花 *Urena lobata*

[分类地位] 锦葵科Malvaceae，梵天花属*Urena*。

[中文别名] 田芙蓉、野棉花、厚皮草、石松毛、毛桐子。

[性状特征] 直立亚灌木状草本，小枝被星状绒毛。叶近圆形、卵形、长圆形至披针形，叶上面被柔毛，下面被灰白色星状绒毛；叶柄长1～4 cm，被灰白色星状绒毛。花腋生，单生或稍丛生，淡红色，直径约15 mm。花期7—10月。

[生长习性] 喜温暖湿润气候，适应性强，较干旱贫瘠的土地也能生长。一般土壤均可种植，但以向阳、疏松肥沃的砂质壤土为好。

[应用场景] 适用于荒坡地、道路两侧和矿山植被恢复。

17. 杜鹃 *Rhododendron simsii*

[分类地位] 杜鹃花科Ericaceae，杜鹃花属*Rhododendron*。
[中文别名] 中原氏杜鹃、照山红、映山红、杜鹃花。

[性状特征] 落叶灌木；分枝多而纤细，密被亮棕褐色扁平糙伏毛。叶革质，常集生枝端，边缘微反卷，具细齿；叶柄长2～6 mm，密被亮棕褐色扁平糙伏毛。花簇生枝顶；花冠呈阔漏斗形，玫瑰色、鲜红色或暗红色。花期4—5月，果期6—8月。

[生长习性] 生于海拔500～2 500 m，为我国中南及西南地区典型的酸性土指示植物。性喜凉爽、湿润、通风的半阴环境，既怕酷热又怕严寒，生长适温为12～25 ℃。

[应用场景] 适用于道路两侧绿化，或用于城市绿地建设，具有较高的观赏价值。

18. 杜英 *Elaeocarpus decipiens*

[分类地位] 杜英科Elaeocarpaceae，杜英属*Elaeocarpus*。

[中文别名] 假杨梅、青果、野橄榄、胆八树、橄榄。

[性状特征] 常绿乔木，高5～15 m；嫩枝及顶芽初时被微毛，不久变秃净，干后黑褐色。叶革质，披针形或倒披针形，侧脉7～9对，边缘有小钝齿。总状花序多生于叶腋及无叶的去年枝条上，长5～10 cm，花白色。花期6—7月。

[生长习性] 根系发达，萌芽力强，生长速度中等偏快；适应性强，稍耐阴，耐寒性稍差。喜温暖潮湿环境，喜排水良好、湿润、肥沃的酸性土壤。适合生于酸性的黄壤和红黄壤山区，若在平原栽植，须排水良好。

[应用场景] 适用于荒坡地造林、四旁绿化、矿山植被修复、岸线边坡治理和林相改造，或用于城市绿地建设，具有较高的观赏价值。

19. 杜仲*Eucommia ulmoides*

[分类地位] 杜仲科Eucommiaceae，杜仲属*Eucommia*。

[中文别名] 丝楝树皮、丝棉皮、棉树皮、胶树。

[性状特征] 落叶乔木，树皮灰褐色，粗糙，内含橡胶，折断拉开有多数细丝。叶椭圆形、卵形或矩圆形，薄革质，侧脉6～9对，与网脉在上面下陷，在下面稍突起；边缘有锯齿。花生于当年枝基部。翅果扁平，长椭圆形，周围具薄翅。早春开花，秋后果实成熟。

[生长习性] 喜温暖湿润气候和阳光充足的环境，能耐严寒，适应性很强；对土壤要求不严，在瘠薄的红土，或岩石峭壁均能生长，但以土层深厚、疏松肥沃、湿润、排水良好的壤土最宜。

[应用场景] 适用于荒坡地造林、四旁绿化、矿山植被修复、岸线边坡治理和林相改造，或用于城市绿地建设，具有较高的观赏价值。

20. 多花紫藤*Wisteria floribunda*

[分类地位] 豆科Leguminosae，紫藤属*Wisteria*。

[中文别名] 日本紫藤。

[性状特征] 落叶藤本，树皮赤褐色。茎右旋，枝较细柔。羽状复叶，小叶5～9对，薄纸质，自下而上等大或逐渐狭短。花序自下而上顺序开花，花序轴密生白色短毛，花冠紫色至蓝紫色。荚果倒披针形，密被绒毛。花期4—5月，果期5—7月，荚果宿存枝端。

[生长习性] 喜阳光充足的环境，耐高温40 ℃左右，耐干旱，不择土壤，但以湿润、肥沃、排水良好的土壤为最宜。

[应用场景] 适用于乡村人居环境提升和城市绿地建设，具有较高的观赏价值。

21. 鹅掌柴*Heptapleurum heptaphyllum*

[分类地位] 五加科Araliaceae，鹅掌柴属*Heptap leurum*。

[中文别名] 大叶伞、鸭脚木、鸭母树、红花鹅掌柴。

[性状特征] 乔木，小枝粗壮。幼枝密被星状毛，后渐脱落。小叶6～10枚，椭圆形或倒卵状椭圆形，全缘，幼树之叶常具锯齿或羽裂，幼叶密被星状毛，老叶下面沿中脉及脉腋被毛，或无毛，侧脉7～10对。花序圆锥形，花白色。花期10—11月，果期12月—翌年1月。

[生长习性] 喜温暖、湿润、半阳环境，生长适温为16～27 ℃，对光照的适应范围广，喜土层深厚、疏松、肥沃和排水良好的酸性土，稍耐瘠薄。

[应用场景] 适用于道路两侧植被绿化或作为植物篱，或用于城市绿地建设，具有较高的观赏价值。

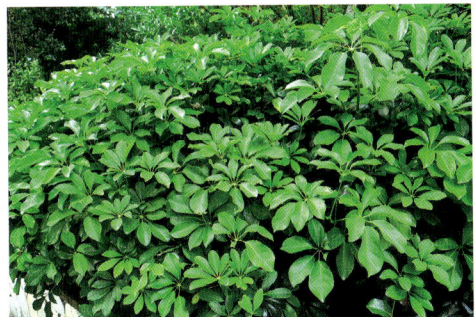

22. 鹅掌楸*Liriodendron chinense*

[分类地位] 木兰科Magnoliaceae，鹅掌楸属*Liriodendron*。

[中文别名] 马褂木。

[性状特征] 落叶大乔木，小枝灰色或灰褐色。叶马褂状，近基部每边具1侧裂片，先端具2浅裂，下面苍白色。花杯状，花被片9片。聚合果长7～9 cm，具翅的小坚果长约6 mm。花期5月，果期9—10月。

[生长习性] 喜温和湿润气候，喜光，有一定耐寒性，喜深厚肥沃、适湿而排水良好的酸性或微酸性土壤，在干旱土地上生长不良，也忌低湿水涝。

[应用场景] 中国特有的珍稀植物，适用于四旁绿化、矿山植被修复和林相改造，或用于城市绿地建设，具有较高的观赏价值。

23. 萼距花*Cuphea hookeriana*

[分类地位] 千屈菜科Lythraceae，萼距花属*Cuphea*。

[中文别名] 紫花满天星、孔雀兰、墨西哥花柳、紫花满天星。

[性状特征] 灌木或亚灌木状，直立，粗糙，被粗毛及短小硬毛，分枝细，密被短柔毛。叶薄革质，披针形或卵状披针形。花单生于叶柄之间或近腋生，组成少花的总状花序，花瓣6枚，其中上方2枚特大而显著，矩圆形，深紫色，波状，具爪。

[生长习性] 耐热，耐半阴，不耐寒；生长快，萌芽力强；喜高温，喜光，喜排水良好的砂质土壤。

[应用场景] 适用于道路两侧植被绿化或用于城市绿地建设，具有较高的观赏价值。

24. 二球悬铃木*Platanus acerifolia*

[分类地位] 悬铃木科Platanaceae，悬铃木属*Platanus*。

[中文别名] 英国梧桐。

[性状特征] 落叶大乔木，树皮光滑，大片块状脱落。叶阔卵形，宽12～25 cm，长10～24 cm；基部截形或微心形，上部掌状5裂，有时7裂或3裂；掌状脉3条，稀为5条。花通常呈4数排列，花瓣矩圆形。果枝有头状果序1～2个，稀为3个，常下垂。

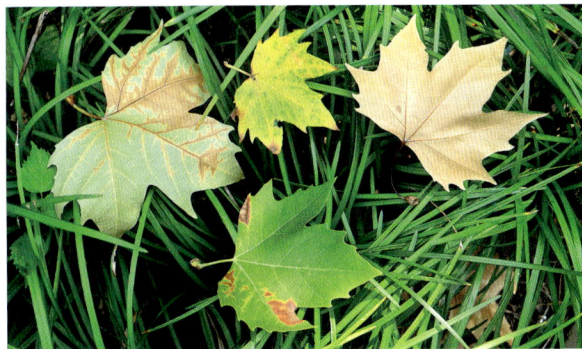

[生长习性] 根系浅易风倒；易成活，萌芽力强，生长迅速，耐修剪；对二氧化硫、氯气等有毒气体有较强的抗性；土壤要求不严，耐干旱、瘠薄、耐湿；喜温暖湿润气候，喜光，不耐阴，在年平均气温13～20 ℃、降水量800～1 200 mm的地区生长良好。

[应用场景] 树形叶大阴浓，适用于四旁绿化、矿山植被修复、岸线边坡治理和林相改造，或用于城市绿地建设，具有较高的观赏价值。

25. 枫香树 *Liquidambar formosana*

[分类地位] 蕈树科Altingiaceae，枫香树属*Liquidambar*。

[中文别名] 路路通、山枫香树。

[性状特征] 落叶乔木，树皮灰褐色，方块状剥落。叶薄革质，阔卵形，掌状3裂，中央裂片较长，先端尾状渐尖，两侧裂片平展；掌状脉3～5条，边缘有锯齿；叶柄长达11 cm，常有短柔毛。雌性头状花序有花24～43朵，花序柄长3～6 cm。

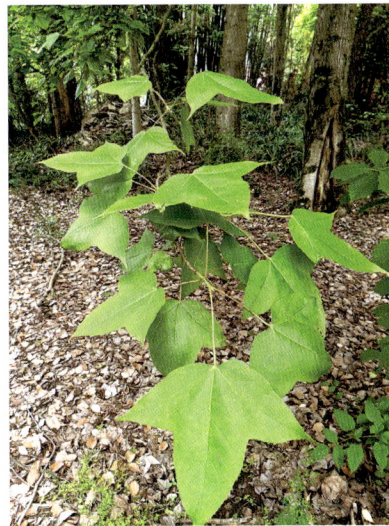

[生长习性] 深根性，主根粗长，抗风力强，不耐移植及修剪；性耐火烧，萌生力极强；耐干旱瘠薄，不耐寒、水涝及盐碱；喜温暖湿润气候，喜光，在湿润肥沃而深厚的红黄壤土上生长良好。

[应用场景] 适用于荒坡地造林、四旁绿化、矿山植被修复和林相改造，或用于城市绿地建设，具有较高的观赏价值。

26. 枫杨*Pterocarya stenoptera*

[分类地位] 胡桃科Juglandaceae，枫杨属*Pterocarya*。

[中文别名] 麻柳、水麻柳、蜈蚣柳。

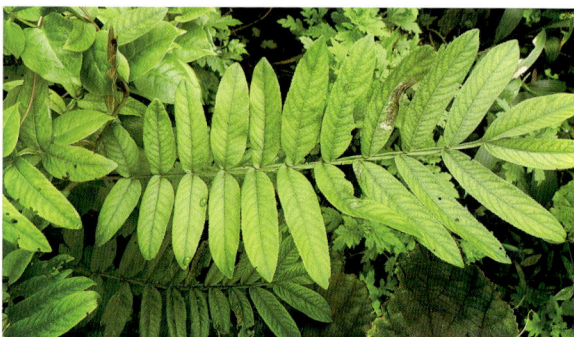

[性状特征] 大乔木，幼树树皮平滑。叶为羽状复叶，小叶10～16枚，无小叶柄，对生或稀近对生，边缘有向内弯的细锯齿，上面被有细小的浅色疣状凸起。果实长椭圆形，基部常有宿存的星芒状毛；果翅狭，条形或阔条形。花期4—5月，果熟期8—9月。

[生长习性] 深根性树种，主根明显，侧根发达；萌芽力很强，初期生长较慢，后期生长速度加快。对有害气体二氧化硫及氯气的抗性弱；喜光，耐湿性强，不耐庇荫；喜深厚、肥沃、湿润的土壤，以温度适中，雨量较多的暖温带和亚热带气候较为适宜。

[应用场景] 适用于四旁绿化、河流岸线边坡治理和湿地边缘植被恢复，或用于城市绿地建设，具有较高的观赏价值。

27. 复羽叶栾*Koelreuteria bipinnata*

[分类地位] 无患子科Sapindaceae，栾属*Koelreuteria*。

[中文别名] 复羽叶栾树。

[性状特征] 乔木，枝具小疣点。二回羽状复叶，小叶9～17枚，互生，少对生，纸质或近革质，边缘有内弯的小锯齿。圆锥花序大型，长35～70 cm。蒴果椭圆形或近球形，具3棱，淡紫红色，老熟时褐色。花期7—9月，果期8—10月。

[生长习性] 生于海拔400～2 500 m，深根性，主根发达，抗风力强；萌蘖能力强，生长速度中等，幼树生长较慢，以后渐快，耐盐渍及短期水涝，不耐干旱瘠薄；喜光，土壤要求不严，但以深厚、肥沃、湿润的土壤上生长良好。

[应用场景] 适用于荒坡地造林、四旁绿化、矿山植被修复、岸线边坡治理和林相改造，或用于城市绿地建设，具有较高的观赏价值。

28. 柑橘*Citrus reticulata*

[分类地位] 芸香科Rutaceae，柑橘属*Citrus*。

[中文别名] 番橘、橘仔、橘子、立花橘。

[性状特征] 小乔木，分枝多，枝扩展或略下垂，刺较少。单身复叶，叶缘至少上半段通常有钝或圆裂齿，少全缘。花单生或2～3朵簇生。果形通常为扁圆形至近圆球形，果皮甚薄而光滑，或厚而粗糙，淡黄色、朱红色或深红色。花期4～5月，果期10—12月。

[生长习性] 常分布于年降雨量1 000 mm左右的热带、亚热带区域，性喜温暖湿润；土壤相对含水量以60%～80%，空气相对湿度以75%左右为适宜；土壤以质地疏松，结构良好，有机质含量2%～3%，pH = 5.5～6.5，排水良好最适宜。

[应用场景] 适用于荒坡地造林、四旁绿化或矿山植被修复，具有较高的经济价值。

29. 狗牙根 *Cynodon dactylon*

[分类地位] 禾本科Gramineae，狗牙根属*Cynodon*。

[中文别名] 百慕大草。

[性状特征] 低矮草本，具根茎。秆细而坚韧，下部匍匐地面蔓延甚长，节上常生不定根，直立部分高10～30 cm，直径1～1.5 mm。叶片线形，长1～12 cm，宽1～3 mm。穗状花序2～6枚，长2～6 cm。颖果呈长圆柱形。花果期5—10月。

[生长习性] 抗旱，耐热、耐盐、耐淹，水淹下生长变慢；不抗寒，不耐阴；适应的土壤范围很广，最适于排水较好、肥沃、较细的土壤。

[应用场景] 适用于岸线边坡治理或城市绿地建设，具有较高的观赏价值。

30. 枸骨 *Ilex cornuta*

[分类地位] 冬青科Aquifoliaceae，冬青属*Ilex*。

[中文别名] 枸骨冬青、鸟不落、鸟不宿、无刺枸骨。

[性状特征] 常绿灌木或小乔木。叶片厚革质，四角状长圆形或卵形，先端具3枚尖硬刺齿，中央刺齿常反曲，叶面深绿色，具光泽。花淡黄色，果球形，直径8～10 mm，成熟时鲜红色。花期4～5月，果期10—12月。

[生长习性] 生于海拔150～1 900 m，耐干旱，耐阴，较耐寒，长江流域可露地越冬，能耐－5 ℃的短暂低温；喜光，喜肥沃的酸性土壤，不耐盐碱。

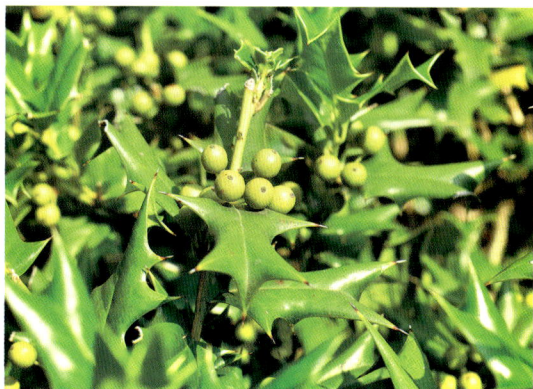

[应用场景] 适用于城市绿地建设中道路两侧植被绿化或植物篱布设，具有较高的观赏价值。

31. 构 *Broussonetia papyrifera*

[分类地位] 桑科Moraceae，构属*Broussonetia*。

[中文别名] 毛桃、谷树、谷桑、楮桃、构树。

[性状特征] 乔木，树皮暗灰色；小枝密生柔毛。叶螺旋状排列，广卵形至长椭圆状卵形，边缘具粗锯齿，表面粗糙，疏生糙毛，背面密被绒毛，基生叶脉三出。聚花果直径1.5～3 cm，成熟时呈橙红色，肉质。花期4—5月，果期6—7月。

[生长习性] 喜光，适应性强，耐干旱瘠薄，也能生于水边，多生于石灰岩山地，也能在酸性土及中性土上生长；耐烟尘，抗大气污染力强。

[应用场景] 适用于荒坡地造林、四旁绿化、矿山植被修复和岸线边坡治理。

32. 海桐 *Pittosporum tobira*

[分类地位] 海桐科Pittosporaceae，海桐属*Pittosporum*。

[中文别名] 海桐花、山矾、七里香、宝珠香、山瑞香。

[性状特征] 常绿灌木或小乔木，叶聚生于枝顶，革质，倒卵形或倒卵状披针形，上面深绿色，发亮，侧脉6～8对。花白色，有芳香，后变黄色。蒴果圆球形，有棱或呈三角形，直径12 mm，多少有毛。

[生长习性] 对气候的适应性较强，能耐寒冷，亦颇耐暑热；对土壤的适应性强，对二氧化硫、氟化氢、氯气等有毒气体抗性强。喜光，在半阴处也生长良好。

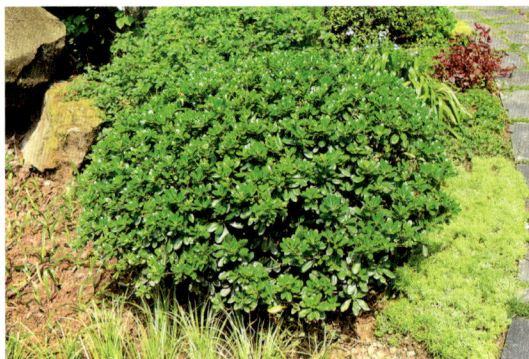

[应用场景] 适用于城市绿地建设中道路两侧植被绿化、植物篱布设或点缀于草坪，具有较高的观赏价值。

33. 海芋 *Alocasia odora*

[分类地位] 天南星科Araceae，海芋属*Alocasia*。

[中文别名] 姑婆芋、狼毒、尖尾野芋头、野山芋、野芋。

[性状特征] 大型常绿草本植物，具匍匐根茎，有直立的地上茎，茎高0.1～5 m，粗可达30 cm。叶多数，粗厚；叶片亚革质，草绿色，箭状卵形，边缘波状，长50～90 cm，宽40～90 cm。

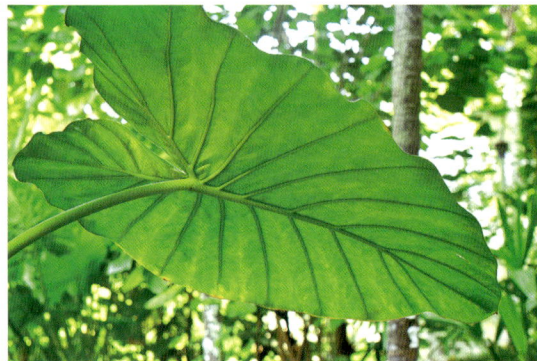

[生长习性] 生于海拔200～1 100 m，喜高温潮湿，耐阴，不宜强风吹和光照。

[应用场景] 适用于湿地和岸线植被修复、水体质量改善及景观提升，观赏价值较高。

34. 含笑花 *Michelia figo*

[分类地位] 木兰科Magnoliaceae，含笑属*Michelia*。

[中文别名] 香蕉花、含笑。

[性状特征] 常绿灌木，树皮灰褐色，分枝繁密；芽、嫩枝、叶柄、花梗均密被黄褐色绒毛。叶革质，狭椭圆形或倒卵状椭圆形，上面有光泽，无毛。花直立，淡黄色而边缘有时红色或紫色，具甜浓的芳香。花期3—5月，果期7—8月。

[生长习性] 不甚耐寒，长江以南背风向阳处能露地越冬；不耐干燥瘠薄，也怕积水，要求

排水良好，肥沃的微酸或中性壤土；喜肥，喜半阴，忌强烈阳光直射。

[应用场景] 适用于乡村人居环境提升或城市绿地建设，具有较高的观赏价值。

35. 荷花木兰 *Magnolia grandiflora*

[分类地位] 木兰科Magnoliaceae，北美木兰属*Magnolia*。

[中文别名] 广玉兰、洋玉兰、荷花玉兰。

[性状特征] 常绿乔木，小枝、芽、叶下面、叶柄均密被褐色或灰褐色短绒毛。叶厚革质，叶面深绿色，有光泽。花白色，有芳香。聚合果圆柱状长圆形或卵圆形，密被褐色或淡灰黄色绒毛。花期5—6月，果期9—10月。

[生长习性] 根系深广，抗风力强；喜温湿气候，喜光，有一定抗寒能力；适生于干燥、肥沃、湿润与排水良好微酸性或中性土壤；对烟尘及二氧化硫气体有较强抗性，病虫害少。

[应用场景] 适用于四旁绿化或城市绿地建设，具有较高的观赏价值。

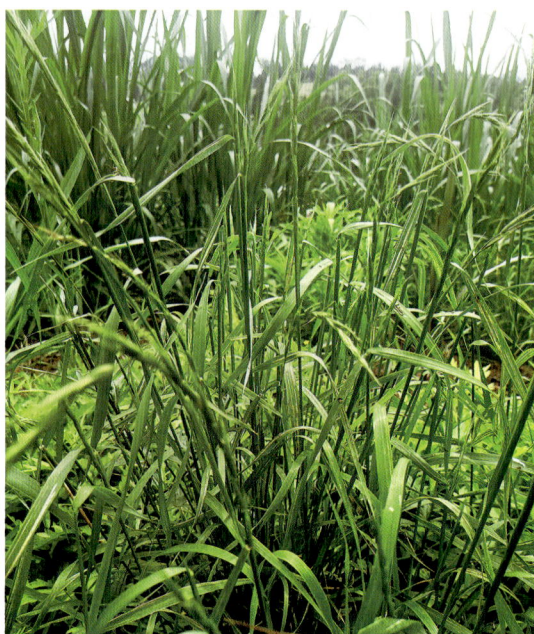

36. 黑麦草 *Lolium perenne*

[分类地位] 禾本科Gramineae，黑麦草属*Lolium*。

[中文别名] 宿根黑麦草。

[性状特征] 多年生草木，具细弱根状茎。秆丛生，高30～90 cm，具3～4节，质软，基部节上生根。叶片线形，长5～20 cm，宽3～6 mm，柔软，具微毛，有时具叶耳。颖果长约为宽的3倍。花果期5—7月。

[生长习性] 不耐阴，不耐旱，耐寒耐热性均较差；喜温凉湿润气候，宜于夏季凉爽、冬季不太寒冷，降水量500～1 500 mm的地区生长；对土壤要求比较严格，较能耐湿，但排水不良也生长不良，喜肥不耐瘠。

[应用场景] 适用于荒坡地、矿山和岸线边坡植被修复及四旁绿化。

37. 红背桂 *Excoecaria cochinchinensis*

[分类地位] 大戟科Euphorbiaceae，海漆属*Excoecaria*。

[中文别名] 红背桂花。

[性状特征] 常绿灌木，枝无毛。叶对生，纸质，叶片狭椭圆形或长圆形，边缘有疏细齿，两面均无毛，腹面绿色，背面紫红或血红色；中脉于两面均凸起，侧脉8~12对。花期几乎全年。

[生长习性] 不耐旱，不甚耐寒，生长适温15~25 ℃，冬季温度不低于5 ℃；耐半阴，忌阳光曝晒；要求肥沃、排水好的砂壤土。

[应用场景] 适用于四旁绿化和矿山植被修复，或用于城市绿地建设，具有较高的观赏价值。

38. 红花檵木 *Loropetalum chinense* var. *rubrum*

[分类地位] 金缕梅科Hamamelidaceae，檵木属*Loropetalum*。

[中文别名] 红檵花、红桎木、红檵木、红花桎木、红花继木。

[性状特征] 灌木或小乔木，树皮暗灰或浅灰褐色，多分枝。嫩枝红褐色，密被星状毛。叶革质互生，卵圆形或椭圆形，两面均有星状毛，全缘，暗红色。花3~8朵簇生，花紫红色。蒴果卵圆形。花期3—4月。

[生长习性] 喜光，稍耐阴，但阴时叶色容易变绿；适应性强，耐旱；喜温暖，耐寒冷；萌芽力和发枝力强，耐修剪；耐瘠薄，但适宜在肥沃、湿润的微酸性土壤中生长。

[应用场景] 适用于四旁绿化和矿山植被修复，或用于城市绿地建设，具有较高的观赏价值。

39. 花椒 *Zanthoxylum bungeanum*

[分类地位] 芸香科Rutaceae，花椒属*Zanthoxylum*。

[中文别名] 蜀椒、秦椒、大椒、椒、胡椒木。

[性状特征] 落叶小乔木；枝有短刺，小枝上的刺基部宽而扁且劲直的长三角形。叶有小叶5~13枚，叶轴常有甚狭窄的叶翼；小叶对生，无柄，叶缘有细裂齿，齿缝有油点。花期4—5月，果期8—9月或10月。

[生长习性] 分布于平原至海拔2 500 m，耐旱，喜光，喜温暖湿润环境，喜肥，适宜生长在疏松、肥沃、透气、排水性好的土壤中。

[应用场景] 适用于荒坡地造林、四旁绿化和矿山植被修复，具有较高的经济价值。

40. 花叶冷水花*Pilea cadierei*

[分类地位] 荨麻科Urticaceae，冷水花属*Pilea*。

[中文别名] 冰水花。

[性状特征] 多年生草本或半灌木，具匍匐根茎。茎肉质，下部多少木质化。叶多汁，倒卵形，边缘自下部以上有数枚不整齐的浅牙齿或啮蚀状，上面深绿色，中央有2条间断的白斑，下面淡绿色，钟乳体梭形，两面明显，基出脉3条。花期9—11月。

[生长习性] 性喜温暖湿润的气候，耐阴性强，喜阳光充足，但要避免强光直射；喜排水良好、疏松肥沃的砂壤土，生长适温为15～25 ℃的砂壤土，冬季不可低于5 ℃。

[应用场景] 适用于城市绿地建设中道路两侧植被绿化，或作为地被植物，具有较高的观赏价值。

41. 花叶青木*Aucuba japonica* var. *variegata*

[分类地位] 丝缨花科Garryaceae，桃叶珊瑚属*Aucuba*。

[中文别名] 洒金珊瑚、洒金日本珊瑚、洒金东瀛珊瑚、洒金桃叶珊瑚。

[性状特征] 常绿灌木；枝、叶对生。叶革质，长椭圆形，卵状长椭圆形，叶上面具大小不等的金黄色斑点，边缘上段具2～6对疏锯齿或近于全缘。花期3—4月；果期3月至翌年4月。

[生长习性] 喜光，耐高温，最适宜的生长温度为15～25 ℃；耐低温，最低温度－5～－3 ℃。

[应用场景] 适用于城市绿地建设中道路两侧植被绿化、植物篱布设或作为地被植物，具有较高的观赏价值。

42. 花叶艳山姜*Alpinia zerumbet* 'Variegata'

[分类地位] 姜科Zingiberaceae，山姜属*Alpinia*。

[中文别名] 彩叶姜、斑纹月桃。

[性状特征] 多年生草本；具根状茎。叶具鞘，长椭圆形，两端渐尖，有金黄色纵斑纹。圆锥花序呈总状花序式，花序下垂，花白色，边缘黄色，顶端红色，花大而美丽并具有香气。夏季6—7月开花。

[生长习性] 喜高温、高湿、明亮或半遮阴的环境；忌干旱、忌涝、畏寒冷，生长适温为22～28 ℃，当温度低于0 ℃时，植株会受冻害致死；不耐瘠薄，喜肥沃的土壤。

[应用场景] 适用于湿地边缘和岸线植被修复，亦可在城市绿地建设中作为地被植物，具有较高的观赏价值。

43. 槐*Styphnolobium japonicum*

[分类地位] 豆科 Leguminosae，槐属*Styphnolobium*。

[中文别名] 国槐、槐花树、槐花木、紫花槐、槐树、宜昌槐。

[性状特征] 乔木，树皮灰褐色，具纵裂纹。当年生枝绿色，无毛。羽状复叶长达25 cm，叶柄基部膨大；小叶4～7对，对生或近互生，纸质，卵状披针形或卵状长圆形，先端渐尖，具小尖头。花期7—8月，果期8—10月。

[生长习性] 喜光，稍耐阴，能适应较冷气候，根深而发达；对土壤要求不严，在酸性至石灰性及轻度盐碱土条件下都能正常生长；抗风，也耐干旱、瘠薄，能适应城市土壤板结等不良环境条件。

[应用场景] 适用于荒坡地造林、四旁绿化、矿山植被修复、岸线边坡治理和林相改造，或用于城市绿地建设，具有较高的观赏价值。

44. 黄葛树 *Ficus virens*

[分类地位] 桑科Moraceae，榕属*Ficus*。

[中文别名] 黄葛榕、大叶榕、黄桷树、绿黄葛树。

[性状特征] 落叶或半落叶乔木，有板根或支柱根，幼时附生。叶薄革质或皮纸质，卵状披针形至椭圆状卵形，全缘，侧脉7~10对，背面突起。榕果单生或成对腋生或簇生于已落叶枝叶腋，球形，成熟时紫红色。花期5—8月。

[生长习性] 生于海拔300~2 100 m，耐干旱，耐瘠薄；喜光，喜湿，最佳适应温度为15~25 ℃；对土质要求不严，生长迅速，有气生根，萌发力强，易栽植。

[应用场景] 适用于荒坡地造林、四旁绿化、矿山植被修复和岸线边坡治理，或用于城市绿地建设，具有较高的观赏价值。

45. 黄金菊 *Euryops pectinatus*

[分类地位] 菊科Asteraceae，黄蓉菊属*Euryops*。

[中文别名] 南非菊、翠菊木、银叶情人菊、银叶金木菊。

[性状特征] 一年生或多年生草本，具分枝。叶片长椭圆形，不分裂或一回或二回掌状或羽状分裂。头状花序异型，单生茎顶，或少数或较多在茎枝顶端排成伞房或复伞房花序。舌状花

黄色、白色或红色；管状花全部黄色，顶端5齿裂。

[生长习性] 性喜温暖及阳光充足的环境，喜湿润，耐寒，耐瘠，喜肥沃的微酸性壤土，生长适温15~26℃。喜土质深厚、排水良好的砂质壤土。

[应用场景] 适用于四旁绿化、矿山植被修复和岸线边坡治理，或用于城市绿地建设，具有较高的观赏价值。

46. 黄金香柳 *Melaleuca bracteata* 'Revolution Gold'

[分类地位] 桃金娘科Myrtaceae，白千层属*Melaleuca*。

[中文别名] 千层金。

[性状特征] 常绿乔木，根深，主干直立。叶片革质，披针形或线形，具油腺点，叶互生，

金黄色，有芳香气味。穗状花序生于枝顶，花序轴无限生长，花开后继续生长；花白色，无梗；果实为蒴果，近球形。

[生长习性] 适应性强，喜温暖湿润气候；性喜光，阳光越强，叶片的金黄色越亮，阳光很弱，叶色则很暗淡；耐干旱、耐水涝、耐高温，稍耐低温，耐贫瘠，喜欢疏松肥沃和透气保水性好的土壤。

[应用场景] 适用于四旁绿化、矿山植被修复和岸线边坡治理，或用于城市绿地建设，具有较高的观赏价值。

47. 黄荆 *Vitex negundo*

[分类地位] 唇形科 Lamiaceae，牡荆属 *Vitex*。

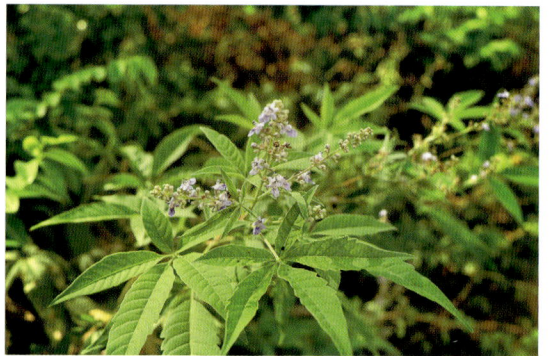

[中文别名] 五指柑、五指风、布荆。

[性状特征] 灌木或小乔木；小枝四棱形，密生灰白色绒毛。掌状复叶，小叶5片，少有3片；小叶片长圆状披针形至披针形，全缘或每边有少数粗锯齿。聚伞花序排成圆锥花序式，顶生，花冠淡紫色，外有微柔毛。核果近球形，径约2 mm。花期4—6月，果期7—10月。

[生长习性] 生于海拔10~550 m的山坡路旁或灌木丛中，喜光，耐半阴，耐干旱瘠薄，耐寒冷，萌芽能力强，适应性强。

[应用场景] 适用于荒坡地造林、四旁绿化、矿山植被修复和林相改造。

48. 黄睡莲 *Nymphaea mexicana*

[分类地位] 睡莲科 Nymphaeaceae，睡莲属 *Nymphaea*。

[中文别名] 墨西哥黄睡莲、墨西哥睡莲。

[性状特征] 多年水生草本；根茎直立，块状；叶纸质，近圆形，全缘或波状，两面无毛，叶上面具暗褐色斑纹，下面具黑色小斑点。花直径约10 cm，芳香；花瓣20～25枚，黄色，卵状矩圆形。浆果扁平至半球形，长2.5～3 cm。花期6—8月，果期8—10月。

[生长习性] 不耐寒，喜阳光充足、温暖的环境，喜水质清洁，水面通风好的静水，以及肥沃的黏质土壤。

[应用场景] 适用于湿地植被修复、水体质量改善及景观提升，观赏价值较高。

49. 火棘 *Pyracantha fortuneana*

[分类地位] 蔷薇科Rosaceae，火棘属*Pyracantha*。

[中文别名] 赤阳子、救命粮、救军粮、救兵粮、火把果。

[性状特征] 常绿灌木。侧枝短，先端刺状。叶倒卵形或倒卵状长圆形，有钝锯齿，齿尖内弯，近基部全缘，两面无毛。果近球形，橘红或深红色。花期3—5月，果期8—11月。

[生长习性] 生于海拔500～2 800 m山地、丘陵阳坡、灌丛、草地或河边；喜强光，耐贫瘠，抗干旱，耐寒；对土壤要求不严，以排水良好、湿润、疏松的中性或微酸性壤土为好。

[应用场景] 适用于荒坡地造林、矿山植被修复和林相改造，或用于城市绿地建设，具有较高的观赏价值。

50. 鸡爪槭 *Acer palmatum*

[分类地位] 无患子科Sapindaceae，槭属*Acer*。

[中文别名] 七角枫。

[性状特征] 落叶小乔木。树皮深灰色。多年生枝淡灰紫色或深紫色。叶纸质，外貌圆形，

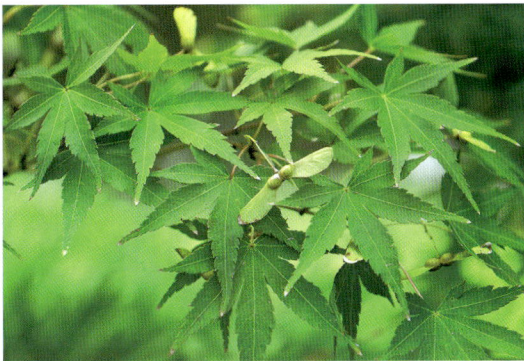

基部心脏形或近于心脏形稀截形，5～9掌状分裂，通常7裂。花紫色，叶发出以后才开花，花瓣5枚。翅果成熟时淡棕黄色。花期5月，果期9月。

[生长习性] 生于海拔200～1 200 m的林边或疏林中。喜温暖湿润气候，抗寒性强，能忍受较干旱的条件；喜疏阴，怕曝晒；不耐水涝，酸性、中性及石灰质土均能适应，适应于湿润、排水良好和富含腐殖质的土壤。

[应用场景] 适用于荒坡地造林、四旁绿化、矿山植被修复、岸线边坡治理和林相改造，或用于城市绿地建设，具有较高的观赏价值。

51. 吉祥草 *Reineckea carnea*

[分类地位] 天门冬科Asparagaceae，吉祥草属*Reineckea*。

[中文别名] 滇吉祥草、小叶万年青、竹根七、蛇尾七。

[性状特征] 多年生草本，茎径匍匐，似根状茎，绿色，多节，顶端具叶簇。叶3～8枚簇生，线形或披针形，深绿色。穗状花序，花芳香，粉红色。浆果球形，熟时鲜红色。花果期7—11月。

[生长习性] 多生于阴湿山坡、山谷或密林下，海拔170～3 200 m。性喜温暖、湿润的环境，较耐寒耐阴，对土壤的要求不高，适应性强，以排水良好肥沃壤土为宜。

[应用场景] 适用于四旁绿化和矿山植被修复，或在城市绿地建设中作为地被植物，具有较高的观赏价值。

52. 夹竹桃 *Nerium oleander*

[分类地位] 夹竹桃科Apocynaceae，夹竹桃属*Nerium*。

[中文别名] 红花夹竹桃、欧洲夹竹桃。

[性状特征] 常绿直立大灌木。嫩枝条具棱，被微毛，老时毛脱落。叶3片轮生，稀对生，革质，窄椭圆状披针形。聚伞花序组成伞房状顶生，花芳香，花冠漏斗状，紫红色、粉红色、橙红色、黄色或白色，单瓣或重瓣。花期几乎全年，果期一般在冬春季。

[生长习性] 喜温暖湿润的气候，耐寒力不强；不耐水湿，喜高燥和排水良好的条件；喜光好肥，也能耐阴；萌蘖力强，树体受害后容易恢复。

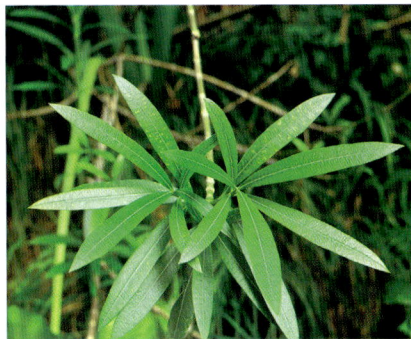

[应用场景] 适用于四旁绿化和岸线边坡治理，或用于城市绿地建设，具有较高的观赏价值。

53. 金边龙舌兰 *Agave americana* var. *marginata*

[分类地位] 天门冬科Asparagaceae，龙舌兰属*Agave*。

[中文别名] 金边莲、龙舌兰、金边假菠萝。

[性状特征] 多年生常绿草本。茎短、稍木质。叶基生呈莲座状，肉质，多丛生，呈剑形，边缘有黄白色条带镶边，有紫褐色刺状锯齿。花茎多，数横纹，花黄绿色，肉质。蒴果长椭圆形，花期夏季。

[生长习性] 喜温暖、光线充足的环境，生长温度为15～25 ℃；耐旱性极强，要求疏松透水的土壤。

[应用场景] 适用于城市绿地建设中道路两侧植被绿化，具有较高的观赏价值。

54. 金佛山荚蒾 *Viburnum chinshanense*

[分类地位] 荚蒾科Viburnaceae，荚蒾属*Viburnum*。

[中文别名] 金山荚蒾、贵州荚蒾。

[性状特征] 灌木，小枝浑圆；幼叶下面、叶柄和花序均有由灰白色或黄白色簇状毛组成的绒毛。叶纸质至厚纸质，全缘，稀具少数不明显小齿。聚伞花序，花冠白色，辐状。果实先红色后变黑色。花期4—5月，果熟期7月。

[生长习性] 生于海拔100～1 900 m山坡疏林或灌丛中。喜光，喜温暖湿润，也耐阴，耐寒，对气候因子及土壤条件要求不严，喜微酸性肥沃土壤。

[应用场景] 适用于荒坡地造林、四旁绿化和矿山植被修复。

55. 蜡梅 *Chimonanthus praecox*

[分类地位] 蜡梅科Calycanthaceae，蜡梅属*Chimonanthus*。

[中文别名] 大叶蜡梅、腊梅、梅花、荷花蜡梅、素心蜡梅、蜡木。

[性状特征] 落叶灌木；老枝近圆柱形，灰褐色，无毛或被疏微毛，有皮孔。叶纸质至近革质，卵圆形、椭圆形、宽椭圆形至卵状椭圆形。花着生于第二年生枝条叶腋内，先花后叶，芳香。花期11月—翌年3月，果期翌年4—11月。

[生长习性] 喜光，稍耐阴；具一定耐寒性，露地越冬时要求温度在－10 ℃以上；较耐旱，不耐水淹，忌黏土和盐碱土，喜肥沃、疏松、湿润、排水良好的中性或微酸性砂质壤土。

[应用场景] 适用于乡村人居环境提升或城市绿地建设，具有较高的观赏价值。

56. 蓝花楹 *Jacaranda mimosifolia*

[分类地位] 紫葳科Bignoniaceae，蓝花楹属*Jacaranda*。

[中文别名] 蓝楹、含羞草叶楹、含羞草叶蓝花楹。

[性状特征] 落叶乔木，高达15 m。叶对生，二回羽状复叶，羽片通常在16对以上，每1羽片有小叶16～24对；小叶椭圆状披针形至椭圆状菱形，全缘。花蓝色，花序长达30 cm。蒴果木质，扁卵圆形。花期5～6月。

[生长习性] 性喜阳光充足和温暖、多湿气候，要求土壤肥沃、疏松、深厚、湿润且排水良好，低洼积水或土壤瘠薄则生长不良。不耐寒，气温低于15 ℃，则生长停滞，低于3～5 ℃会发生冷害；气温高于32 ℃，生长受到抑制。

[应用场景] 适用于乡村人居环境提升或城市绿地建设，具有较高的观赏价值。

57. 李 *Prunus salicina*

[分类地位] 蔷薇科Rosaceae，李属*Prunus*。

[中文别名] 玉皇李、嘉应子、嘉庆子、山李子。

[性状特征] 落叶乔木，高9～12 m；老枝紫褐色或红褐色，无毛；小枝黄红色，无毛。叶片边缘有圆钝重锯齿，上面深绿色，有光泽，侧脉6～10对。花通常3朵并生，花瓣白色，有明显带紫色脉纹。花期4月，果期7—8月。

[生长习性] 生于海拔400～2 600 m，对气候的适应性强，要求土层较深，有一定的肥力；对空气和土壤湿度要求较高，极不耐积水；宜在土质疏松、土壤透气和排水良好、土层深和地下水位较低的地方生长。

[应用场景] 适用于荒坡地造林、四旁绿化和矿山植被修复，具有较高的经济价值。

58. 荔枝 *Litchi chinensis*

[分类地位] 无患子科Sapindaceae，荔枝属*Litchi*。

[中文别名] 离枝。

[性状特征] 常绿乔木，树皮灰黑色；小叶2或3对，较少4对，薄革质或革质，全缘，有光泽；侧脉在腹面不很明显，在背面明显或稍凸起。果卵圆形至近球形，成熟时通常暗红色至鲜红色。花期春季，果期夏季。

[生长习性] 喜高温高湿，年降水量在1 200 mm以上，最适宜的生长温度为24～28 ℃，低于12 ℃生长速度明显下降，最低气温为−4～−2 ℃会遭受冻害；喜光向阳，要求年日照数1 700 h以上。

[应用场景] 适用于荒坡地造林、四旁绿化和矿山植被修复，具有较高的经济价值。

59. 莲 *Nelumbo nucifera*

[分类地位] 莲科Nelumbonaceae，莲属*Nelumbo*。

[中文别名] 荷花、芙蓉、莲花、碗莲、缸莲。

[性状特征] 多年生水生草本；根状茎横生，肥厚，节间膨大，内有多数纵行通气孔道。叶圆形，盾状，全缘稍呈波状，上面光滑，具白粉。花直径10～20 cm，花瓣红色、粉红色或白色。坚果椭圆形或卵形，果皮革质，坚硬，熟时黑褐色。花期6—8月，果期8—10月。

[生长习性] 喜光，极不耐阴；喜温暖，极耐高温，较耐低温，最佳温度范围为22～32 ℃；对土壤的适应性较强，在各种类型的土壤中均能生长，但更喜微酸性且富含有机质的黏壤。

[应用场景] 适用于湿地植被修复、水体质量改善及景观提升，观赏价值较高。

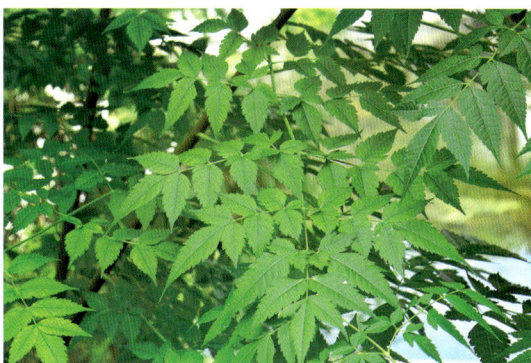

60. 楝 *Melia azedarach*

[分类地位] 楝科Meliaceae，楝属*Melia*。

[中文别名] 金铃子、川楝子、紫花树、楝树、苦楝、川楝。

[性状特征] 落叶乔木，高达10余米；树皮灰褐色，纵裂。叶为2～3回奇数羽状复叶，小叶对生，顶生一片通常略大，边缘有钝锯齿。圆锥花序约与叶等长，花瓣淡紫色，倒卵状匙形。核果球形至椭圆形。花期4—5月，果期10—12月。

[生长习性] 在雨量充沛，年平均温度12～20 ℃，海拔800 m以下分布广泛；适应性较强，喜温暖湿润气候，耐寒、耐碱、耐瘠薄；以土层深厚、疏松肥沃、排水良好、富含腐殖质的砂质壤土为宜。

[应用场景] 适用于荒坡地造林、四旁绿化、矿山植被修复、岸线边坡治理和林相改造，或用于城市绿地建设，具有较高的观赏价值。

61. 柳杉 *Cryptomeria japonica* var. *sinensis*

[分类地位] 柏科Cupressaceae，柳杉属*Cryptomeria*。

[中文别名] 长叶孔雀松。

[性状特征] 乔木，高可达40 m，胸径可达2 m多；树皮红棕色，纤维状，裂成长条片脱落；大枝近轮生，平展或斜展；小枝细长，常下垂，绿色。叶钻形略向内弯曲，先端内曲。球果圆球形或扁球形，花期4月，球果10月成熟。

[生长习性] 生于海拔400～2 500 m。根系较浅，侧根发达，主根不明显，抗风力差。中等

喜光，喜温暖湿润、云雾弥漫、夏季较凉爽的山区气候；喜深厚肥沃的砂质壤土，忌积水；在寒凉较干、土层瘠薄的地方生长不良。

[应用场景] 适用于荒坡地造林、四旁绿化、矿山植被修复和林相改造。

62. 龙眼 *Dimocarpus longan*

[分类地位] 无患子科Sapindaceae，龙眼属*Dimocarpus*。

[中文别名] 羊眼果树、桂圆、圆眼。

[性状特征] 常绿乔木，小枝粗壮，被微柔毛，散生苍白色皮孔。小叶4~5对，薄革质，基部极不对称，腹面深绿色，有光泽，背面粉绿色，两面无毛。种子呈茶褐色，光亮，全部被肉质的假种皮包裹。花期春夏间，果期夏季。

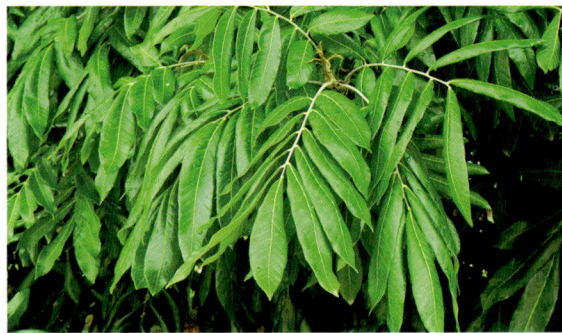

[生长习性] 喜温暖湿润气候，能忍受短期霜冻；要求年降水量在1 200~1 600 mm，阳光充足；对土壤的适应性强，以砂壤土，pH = 5.4~6.5生长最好，碱性土不宜栽种。

[应用场景] 适用于荒坡地造林、四旁绿化和矿山植被修复，具有较高的经济价值。

63. 芦竹 *Arundo donax*

[分类地位] 禾本科Gramineae，芦竹属*Arundo*。

[中文别名] 毛鞘芦竹。

[性状特征] 多年生草本，具发达根状茎。秆粗大直立，高3~6 m，坚韧，具多数节，常生分枝。叶片扁平，长30~50 cm，宽3~5 cm，上面与边缘微粗糙，基部白色，抱茎。极大型圆锥花序，长30~90 cm，宽3~6 cm。花果期9—12月。

[生长习性] 生于海拔500 m以下的河岸道旁、砂质壤土上，对土壤适应性强，可在微酸或

微碱性土中生长；喜光照充足、耐半阴，喜水湿，喜温暖、较耐寒。

[应用场景] 适用于湿地和岸线植被修复、水体质量改善及景观提升，观赏价值较高。

64. 罗汉松*Podocarpus macrophyllus*

[分类地位] 罗汉松科Podocarpaceae，罗汉松属*Podocarpus*。

[中文别名] 土杉、罗汉杉、狭叶罗汉松。

[性状特征] 乔木，树皮灰色或灰褐色，浅纵裂，成薄片状脱落。叶螺旋状着生，条状披针形，微弯，上面深绿色，有光泽，中脉显著隆起，下面带白色、灰绿色或淡绿色。种子卵圆形，先端圆，熟时肉质假种皮紫黑色，有白粉。花期4—5月，种子8—9月成熟。

[生长习性] 喜温暖湿润气候，生长适温为15~28℃；耐寒性弱，耐阴性强；喜排水良好湿润的砂质壤土，对土壤适应性强，盐碱土上亦能生存。

[应用场景] 适用于城市绿地建设，具有较高的观赏价值。

65. 麻梨*Pyrus serrulata*

[分类地位] 蔷薇科Rosaceae，梨属*Pyrus*。

[中文别名] 黄皮梨、麻梨子。

[性状特征] 乔木，小枝圆柱形，二年生枝紫褐色，具稀疏白色皮孔。叶片卵形至长卵形，边缘有细锐锯齿，侧脉7~13对，网脉显明。伞形总状花序，花瓣宽卵形，白色。果实近球形或倒卵形，长1.5~2.2 cm，深褐色，有浅褐色果点。花期4月，果期6—8月。

[生长习性] 喜光，喜温，生育需要较高温度；pH = 5~8.5，含盐量在0.2%以下可正常生长；以土层深厚、土质疏松、透水和保水性能好、地下水位低的砂质壤土最为适宜。

[应用场景] 适用于荒坡地造林、四旁绿化和矿山植被修复，具有较高的经济价值。

66. 马桑*Coriaria nepalensis*

[分类地位] 马桑科Coriariaceae，马桑属*Coriaria*。

[中文别名] 紫桑、乌龙须、马桑柴、野马桑、水马桑、千年红。

[性状特征] 灌木，小枝四棱形或成四狭翅，常带紫色，老枝紫褐色，具显著圆形突起的皮孔。叶对生，纸质至薄革质，全缘，基出3脉。总状花序生于二年生的枝条上，雄花序先叶开放。果球形，果期花瓣肉质增大包于果外，成熟时由红色变紫黑色。

[生长习性] 生于海拔400~3 200 m的灌丛中，适应性很强，能耐干旱，耐瘠薄，在中性偏碱的土壤中生长良好。

[应用场景] 适用于荒坡地造林和矿山植被修复。

67. 马尾松 *Pinus massoniana*

[分类地位] 松科Pinaceae，松属*Pinus*。

[中文别名] 枞松、山松、青松。

[性状特征] 乔木，树皮红褐色，下部灰褐色，裂成不规则的鳞状块片；枝条每年生长一轮。针叶2针一束，细柔，微扭曲，两面有气孔线，边缘有细锯齿。球果有短梗，下垂，成熟前绿色，熟时栗褐色，陆续脱落。花期4—5月，球果翌年10—12月成熟。

[生长习性] 喜光，不耐庇荫，喜温暖湿润气候，能生于干旱、瘠薄的红壤、石砾土及砂质土；在肥润深厚的砂质壤土上生长迅速，在钙质土上生长不良或不能生长，不耐盐碱。

[应用场景] 适用于荒坡地造林，是优良的先锋树种。

68. 麦冬 *Ophiopogon japonicus*

[分类地位] 天门冬科Asparagaceae，沿阶草属*Ophiopogon*。

[中文别名] 沿阶草、麦门冬、矮麦冬、狭叶麦冬、小麦冬、书带草。

[性状特征] 根较粗，中间或近末端常膨大成椭圆形或纺锤形的小块根；地下走茎细长，节上具膜质的鞘。茎很短，叶基生成丛，禾叶状，长10~50 cm，具3~7条脉，边缘具细锯齿。花单生或成对着生于苞片腋内。种子球形，直径7~8 mm。花期5—8月，果期8—9月。

[生长习性] 生于海拔2 000 m以下的山坡阴湿处、林下或溪旁。喜温暖湿润，降雨充沛的气候条件，最适生长气温15~25 ℃；喜土质疏松、肥沃湿润、排水良好的微碱性砂质壤土。

[应用场景] 适用于四旁绿化和矿山植被修复，或在城市绿地建设中作为地被植物，具有较高的观赏价值。

69. 毛桐 *Mallotus barbatus*

[分类地位] 大戟科 Euphorbiaceae，野桐属 *Mallotus*。

[中文别名] 红帽顶、红毛桐子、山桐子。

[性状特征] 小乔木，嫩枝、叶柄和花序均被黄棕色星状长绒毛。叶互生、纸质，边缘具锯齿或波状，上面除叶脉外无毛，下面密被黄棕色星状长绒毛，散生黄色颗粒状腺体；掌状脉5~7条。蒴果球形，密被淡黄色星状毛和紫红色软刺。花期4—5月，果期9—10月。

[生长习性] 生于海拔400~1 300 m山坡阳性林缘或灌丛，喜温暖湿润环境，喜土质疏松、肥沃土壤。

[应用场景] 适用于荒坡地造林、矿山植被修复和林相改造。

70. 美人蕉 *Canna indica*

[分类地位] 美人蕉科 Cannaceae，美人蕉属 *Canna*。

[中文别名] 蕉芋。

[性状特征] 根茎发达，多分枝，块状；茎粗壮，高可达3 m。叶片长圆形或卵状长圆形，叶面绿色，边绿或背面紫色。花单生或2朵聚生，花冠管杏黄色，花冠裂片杏黄而顶端染紫。花期9—10月。

[生长习性] 喜温暖湿润气候，喜阳光充足，不耐寒，怕强风和霜冻，生育适温25~30 ℃；适应性强，稍耐水湿，对土壤要求不严，以湿润肥沃的疏松砂壤土为好。

[应用场景] 适用于湿地边缘和岸线植被修复、水体质量改善及景观提升，观赏价值较高。

71. 墨西哥鼠尾草*Salvia leucantha*

[分类地位] 唇形科Lamiaceae，鼠尾草属*Salvia*。

[中文别名] 紫绒鼠尾草。

[性状特征] 一年生或多年生草本，株高30～70 cm。茎直立多分枝，四棱形，基部稍木质化；全株被柔毛。叶对生，叶面皱，边缘具细钝锯齿。穗状花序，全体被蓝紫色茸毛。花冠唇形，蓝紫色。花期秋季，果期冬季。

[生长习性] 喜温暖湿润气候和阳光充足的环境；喜光、耐阴、较耐热、不耐寒，生长适温18～26 ℃；适生于疏松、肥沃的砂质土壤。

[应用场景] 适用于乡村人居环境提升和城市绿地建设，用作道路两侧植被绿化、植物篱或地被植物，具有较高的观赏价值。

72. 木芙蓉*Hibiscus mutabilis*

[分类地位] 锦葵科Malvaceae，木槿属*Hibiscus*。

[中文别名] 酒醉芙蓉、芙蓉花、重瓣木芙蓉。

[性状特征] 落叶灌木或小乔木，小枝、叶柄、花梗和花萼均密被星状毛与直毛相混的细绵毛。叶具钝圆锯齿，上面疏被星状细毛和点，下面密被星状细绒毛；主脉7～11条。花单生于枝端叶腋间，花初开时白色或淡红色，后变深红色。花期8—10月。

[生长习性] 喜光，稍耐阴；喜温暖湿润气候，不耐寒；喜肥沃湿润而排水良好的砂壤土；生长较快，萌蘖性强；对二氧化硫抗性特强。

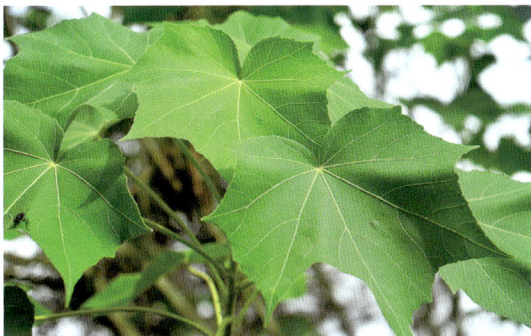

[应用场景] 适用于荒坡地造林、四旁绿化、矿山植被修复、岸线边坡治理和林相改造，或用于城市绿地建设，具有较高的观赏价值。

73. 木槿*Hibiscus syriacus*

[分类地位] 锦葵科Malvaceae，木槿属*Hibiscus*。

[中文别名] 木棉、朝开暮落花、白花木槿、鸡肉花、白饭花。

[性状特征] 落叶灌木，高3～4 m，小枝密被黄色星状绒毛。叶菱形至三角状卵形，具深浅不同的3裂或不裂，边缘具不整齐齿缺。花单生于枝端叶腋间，花钟形，淡紫色。蒴果卵圆形，密被黄色星状绒毛。花期7—10月。

[生长习性] 喜温暖湿润气候，喜光，稍耐阴，耐热，耐寒；对土壤要求不严，适宜生长在疏松透气且富含多种营养物质的土壤中，较耐贫瘠，好水湿而又耐旱；萌蘖性强。

[应用场景] 适用于四旁绿化和矿山植被修复，或在城市绿地建设中用作道路两侧绿化或植物篱，具有较高的观赏价值。

74. 木樨*Osmanthus fragrans*

[分类地位] 木樨科Oleaceae，木樨属*Osmanthus*。

[中文别名] 丹桂、刺桂、桂花、四季桂、银桂、桂、彩桂。

[性状特征] 常绿乔木或灌木。叶片革质，全缘或通常上半部具细锯齿，腺点在两面连成小水泡状突起，中脉在上面凹入，下面凸起，侧脉6～8对。聚伞花序簇生于叶腋，每腋内有花多朵；花冠黄白色、淡黄色、黄色或橘红色。花期9—10月上旬，果期翌年3月。

[生长习性] 适应性强，适生疏松透气、保水力强的微酸性土壤。

[应用场景] 适用于四旁绿化和矿山植被修复，或用于城市绿地建设，具有较高的观赏价值。

75. 南天竹*Nandina domestica*

[分类地位] 小檗科Berberidaceae，南天竹属*Nandina*。

[中文别名] 蓝田竹、红天竺。

[性状特征] 常绿灌木。茎常丛生而少分枝，光滑无毛，幼枝常为红色，老后呈灰色。叶互生，集生于茎的上部，三回羽状复叶；二至三回羽片对生；小叶薄革质，全缘，上面深绿色，冬季变红色。圆锥花序直立，花小，白色，具芳香。花期3—6月，果期5—11月。

[生长习性] 性喜温暖湿润的环境，较耐阴，耐寒；对水分要求不甚严格，既能耐湿也能耐旱；喜肥沃、排水良好的砂质壤土。

[应用场景] 适用于四旁绿化和矿山植被修复，或在城市绿地建设中用作道路两侧绿化或植物篱，具有较高的观赏价值。

76. 楠木 *Phoebe zhennan*

[分类地位] 樟科Lauraceae，楠属*Phoebe*。

[中文别名] 雅楠、桢楠。

[性状特征] 大乔木，树干通直。小枝通常较细，被灰黄色或灰褐色柔毛。叶革质，椭圆形，上面光亮无毛或沿中脉下半部有柔毛，下面密被短柔毛。聚伞状圆锥花序十分开展，被毛，纤细，每伞形花序有花3~6朵；花中等大，长3~4 mm。花期4—5月，果期9—10月。

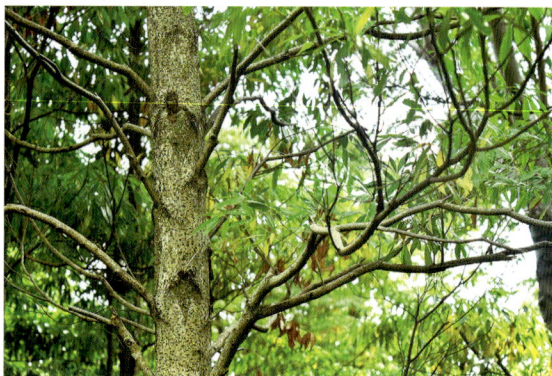

[生长习性] 生长温度0~38 ℃，耐高温，耐寒，可在−10 ℃的环境生长；喜湿润、半阴环境和土层深厚、肥沃疏松的土壤。

[应用场景] 适用于四旁绿化、矿山植被修复和林相改造，或用于城市绿地建设，具有较高的观赏价值。

77. 女贞 *Ligustrum lucidum*

[分类地位] 木樨科Oleaceae，女贞属*Ligustrum*。

[中文别名] 大叶女贞、冬青、落叶女贞。

[性状特征] 灌木或乔木，叶片革质，卵形、长卵形或椭圆形至宽椭圆形，叶缘平坦，上面光亮，两面无毛，中脉在上面凹入，下面凸起，侧脉4~9对。圆锥花序顶生，果肾形或近肾形，深蓝黑色，成熟时呈红黑色，被白粉。花期5—7月，果期7月—翌年5月。

[生长习性] 喜温暖湿润气候，耐寒性好，耐水湿，喜光耐阴；须根发达，生长快，萌芽力强，耐修剪，对大气污染的抗性较强；对土壤要求不严，以砂质壤土或黏质壤土栽培为宜。

[应用场景] 适用于荒坡地造林、四旁绿化、矿山植被修复和林相改造，或用于城市绿地建设，具有较高的观赏价值。

78. 枇杷 *Eriobotrya japonica*

[分类地位] 蔷薇科Rosaceae，枇杷属*Eriobotrya*。

[中文别名] 卢桔、卢橘、金丸。

[性状特征] 常绿小乔木，小枝粗壮，黄褐色，密生锈色或灰棕色绒毛。叶片革质，上部边缘有疏锯齿，上面光亮，多皱，下面密生灰棕色绒毛，侧脉11～21对。圆锥花序顶生，花瓣白色。果实黄色或橘黄色，外有锈色柔毛，不久脱落。花期10—12月，果期翌年5—6月。

[生长习性]适宜温暖湿润的气候，年平均温度12～15℃，年平均雨量1 000 mm以上；对土壤适应性强，较耐盐碱，喜排水良好、富腐殖质的中性或酸性土壤。

[应用场景]适用于荒坡地造林、四旁绿化和矿山植被修复，或用于城市绿地建设，具有较高的观赏或食用价值。

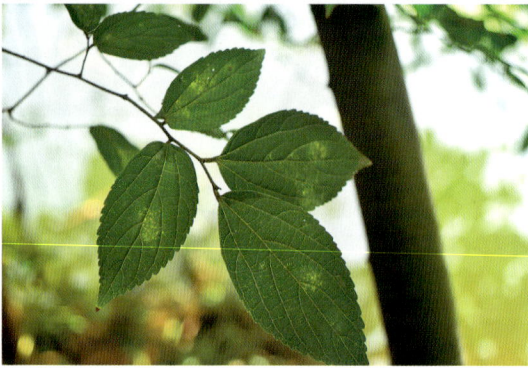

79. 朴树*Celtis sinensis*

[分类地位]大麻科Cannabaceae，朴属*Celtis*。

[中文别名]黄果朴、紫荆朴、小叶朴。

[性状特征]高大落叶乔木，一年生枝密被柔毛。叶卵形或卵状椭圆形，基部近对称或稍偏斜，近全缘或中上部具圆齿。叶互生，革质，宽卵形至狭卵形。花1～3朵生于当年枝的叶腋。核果单生或2个并生，近球形，熟时红褐色。花期4—5月，果期9—11月。

[生长习性]适温暖湿润气候，适生于肥沃平坦之地；对土壤要求不严，耐轻度盐碱，有一定耐干旱能力，亦耐水湿及瘠薄土壤，适应力较强，以土质疏松、肥沃、排水良好的土壤最佳。

[应用场景]适用于荒坡地造林、四旁绿化、矿山植被修复和林相改造，或用于城市绿地建设，具有较高的观赏价值。

80. 秋枫*Bischofia javanica*

[分类地位]叶下珠科Phyllanthaceae，秋枫属*Bischofia*。

[中文别名]茄冬、秋风子、大秋枫、红桐、朱桐树、乌杨。

[性状特征]常绿或半常绿大乔木，树皮灰褐色至棕褐色，厚约1 cm，近平滑，老树皮粗糙；砍伤树皮后流出红色汁液，干凝后变瘀血状。三出复叶，小叶片纸质，边缘有浅锯齿。果

实浆果状，淡褐色。花期4—5月，果期8—10月。

[生长习性] 常生于海拔800 m以下山地潮湿沟谷林中或平原栽培，尤以河边堤岸或行道树为多。幼树稍耐阴，喜水湿，在土层深厚、湿润肥沃的砂质壤土生长良好。

[应用场景] 适用于荒坡地造林、四旁绿化、矿山植被修复和林相改造，或用于城市绿地建设，具有较高的观赏价值。

81. 日本珊瑚树*Viburnum awabuki*

[分类地位] 荚蒾科Viburnaceae，荚蒾属*Viburnum*。

[中文别名] 法国冬青、早禾树。

[性状特征] 常绿灌木或小乔木，树皮灰褐色。单叶对生，厚革质，叶倒卵状矩圆形至矩圆形，全缘或常有较规则的波状浅钝锯齿，侧脉6～8对，表面深绿色，有光泽，叶背灰绿色，叶柄锈褐色。果核通常倒卵圆形至倒卵状椭圆形。花期5—6月，果期9—10月。

[生长习性] 喜温暖、稍耐寒，喜光稍耐阴；在潮湿、肥沃的中性土壤中生长迅速旺盛，也能适应酸性或微碱性土壤；根系发达、萌芽性强、耐修剪，对有毒气体抗性强。

[应用场景] 适用于四旁绿化和矿山植被修复，或在城市绿地建设中用作道路两侧植被绿化或植物篱，具有较高的观赏价值。

82. 日本晚樱*Prunus serrulata* var. *lannesiana*

[分类地位] 蔷薇科Rosaceae，李属*Prunus*。

[中文别名] 矮樱。

[性状特征] 乔木，树皮灰褐色或灰黑色。小枝灰白色或淡褐色，无毛。叶片边缘有渐尖重锯齿，齿端有长芒，上面深绿色，无毛，下面淡绿色，无毛，有侧脉6～8对。花序伞房总状或近伞形，有花2～3朵，有香味；花瓣白色、粉红色。花期3—5月。

[生长习性] 喜光，耐阴，耐寒性较强，喜湿润土壤，在河岸砂壤土上生长良好，不耐盐碱。

[应用场景] 适用于四旁绿化和矿山植被修复，或用于城市绿地建设，具有较高的观赏价值。

83. 榕树 *Ficus microcarpa*

[分类地位] 桑科Moraceae，榕属*Ficus*。

[中文别名] 赤榕、红榕、万年青、细叶榕、厚叶榕树。

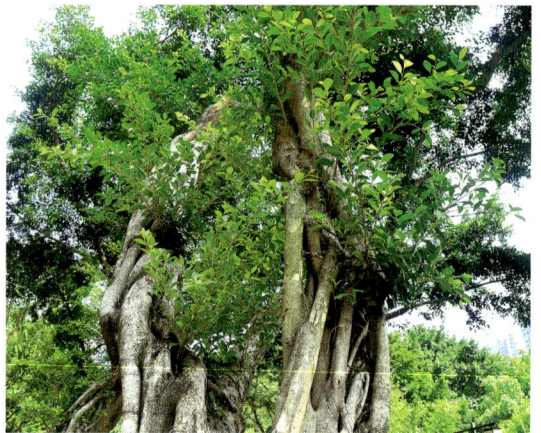

[性状特征] 大乔木，高达15～25 m，冠幅广展；老树常有锈褐色气生根。树皮深灰色。叶薄革质，表面深绿色，干后深褐色，有光泽，全缘，侧脉3～10对。榕果成对腋生或生于已落叶枝叶腋，成熟时黄或微红色，扁球形。花期5—6月。

[生长习性] 喜温暖湿润气候，喜光，耐阴，喜深厚、肥沃、排水良好的酸性土壤；生长快，寿命长，抗性强。

[应用场景] 适用于荒坡地造林、四旁绿化、矿山植被修复、岸线边坡治理和林相改造，或用于城市绿地建设，具有较高的观赏价值。

84. 三角槭 *Acer buergerianum*

[分类地位] 无患子科Sapindaceae，槭属*Acer*。

[中文别名] 三角枫、君范槭、福州槭、宁波三角槭。

[性状特征] 落叶乔木。叶纸质，通常浅3裂，中央裂片三角卵形；侧裂片短钝尖或甚小，裂片边缘通常全缘；上面深绿色，下面黄绿色或淡绿色，被白粉。花多数常成顶生被短柔毛的伞房花序，花瓣5枚，淡黄色。翅果黄褐色。花期4月，果期8月。

[生长习性] 生于海拔300～1 000 m的阔叶林中。弱阳性树种，稍耐阴；喜温暖、湿润环境及中性至酸性土壤；耐寒，较耐水湿，萌芽力强，耐修剪；树系发达，根蘖性强。

[应用场景] 适用于荒坡地造林、四旁绿化、矿山植被修复和林相改造，或用于城市绿地建设，具有较高的观赏价值。

85. 桑*Morus alba*

[分类地位] 桑科Moraceae，桑属*Morus*。

[中文别名] 桑树、家桑、蚕桑。

[性状特征] 乔木或为灌木，高3~10 m，树皮厚，具不规则浅纵裂。叶卵形或广卵形，边缘锯齿粗钝，表面鲜绿色，无毛。花腋生或生于芽鳞腋内，与叶同时生出。聚花果卵状椭圆形，成熟时红色或暗紫色。花期4—5月，果期5—8月。

[生长习性] 喜温暖湿润气候，稍耐阴，生长适宜温度25~30 ℃；对土壤的适应性强，耐旱，不耐涝，耐瘠薄。

[应用场景] 适用于荒坡地造林、四旁绿化和矿山植被修复，或用于城市绿地建设，具有较高的观赏价值。

86. 山茶 *Camellia japonica*

[分类地位] 山茶科Theaceae，山茶属*Camellia*。

[中文别名] 洋茶、茶花、晚山茶、耐冬、山椿、野山茶。

[性状特征] 灌木或小乔木，嫩枝无毛。叶革质，椭圆形，上面深绿色，干后发亮，无毛，下面浅绿色，无毛，侧脉7~8对，边缘有相隔2~3.5 cm的细锯齿。花顶生，红色，无柄；花瓣6~7枚。蒴果圆球形。花期1—4月。

[生长习性] 喜温暖、湿润和半阴环境；怕高温，忌烈日，生长适温为18~25 ℃；具有一定的耐寒能力，喜土层深厚、疏松，排水性好，酸碱度5~6最为适宜，碱性土壤不适宜生长。

[应用场景] 适用于荒坡地造林、四旁绿化、矿山植被修复和林相改造，或用于城市绿地建设，具有较高的观赏价值。

87. 杉木 *Cunninghamia lanceolata*

[分类地位] 柏科Cupressaceae，杉木属*Cunninghamia*。

[中文别名] 刺杉、木头树、正木、正杉、沙树、沙木、杉。

[性状特征] 乔木，小枝近对生或轮生。叶披针形或条状披针形，革质、竖硬，边缘有细缺齿，上面深绿色，有光泽，除先端及基部外两侧有窄气孔带，微具白粉或白粉不明显，下面淡绿色，沿中脉两侧各有1条白粉气孔带。花期4月，球果10月下旬成熟。

[生长习性] 喜温暖湿润，多雾静风的气候环境，较喜光，不耐严寒及湿热，怕风，怕旱，适宜年平均温度15～23 ℃，年降水量800～2 000 mm环境；怕盐碱，喜肥沃、深厚、湿润、排水良好的酸性土壤。

[应用场景] 适用于荒坡地造林、四旁绿化、矿山植被修复和林相改造，生长快，为长江以南温暖地区最重要的速生用材树种。

88. 肾蕨 *Nephrolepis cordifolia*

[分类地位] 肾蕨科Nephrolepidaceae，肾蕨属*Nephrolepis*。

[中文别名] 石黄皮。

[性状特征] 附生或土生。根状茎直立，匍匐茎棕褐色，不分枝；匍匐茎上生有近圆形的块茎。叶簇生，暗褐色，略有光泽，密被淡棕色线形鳞片；叶片线状披针形或狭披针形，一回羽状多数，45～120对，互生，常密集而呈覆瓦状排列，叶缘有疏浅的钝锯齿。

[生长习性] 喜温暖潮湿的环境；萌发力强，喜半阴，不耐寒、较耐旱，耐瘠薄；对土壤要求不严，以疏松、肥沃、透气、富含腐殖质的中性或微酸性砂壤土生长最好。

[应用场景] 适用于乡村人居环境提升和城市绿地建设，用作道路两侧植被绿化或地被植物，具有较高的观赏价值。

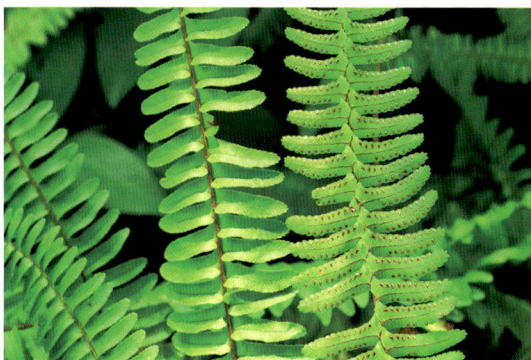

89. 十大功劳 *Mahonia fortunei*

[分类地位] 小檗科Berberidaceae，十大功劳属*Mahonia*。

[中文别名] 细叶十大功劳。

[性状特征] 灌木。具2～5对小叶，上面暗绿至深绿色，叶脉不显，背面淡黄色，叶脉隆起；小叶无柄或近无柄，狭披针形至狭椭圆形，边缘每边具5～10刺齿。总状花序簇生，花黄

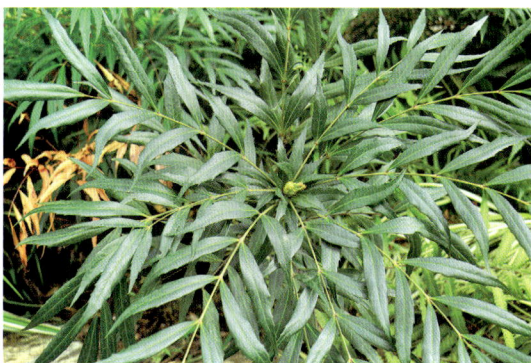

色，花瓣基部腺体明显。花期7—9月，果期9—11月。

[生长习性] 喜温暖湿润的气候，耐阴，较抗旱，较抗寒，不耐暑热；不耐碱，怕水涝，在疏松肥沃、排水良好的砂质壤土上生长最好；有较强的分蘖和侧芽萌发能力。

[应用场景] 适用于乡村人居环境提升和城市绿地建设，用作道路两侧植被绿化、植物篱或地被植物，具有较高的观赏价值。

90. 石榴 *Punica granatum*

[分类地位] 千屈菜科Lythraceae，石榴属*Punica*。

[中文别名] 若榴木、丹若、山力叶、安石榴、花石榴。

[性状特征] 落叶灌木或乔木，枝顶常成尖锐长刺。叶常对生，纸质，矩圆状披针形，上面光亮。花大，1~5朵生枝顶；花瓣通常大，红色、黄色或白色。浆果近球形，通常为淡黄褐色或淡黄绿色。种子多数，钝角形，红色至乳白色。

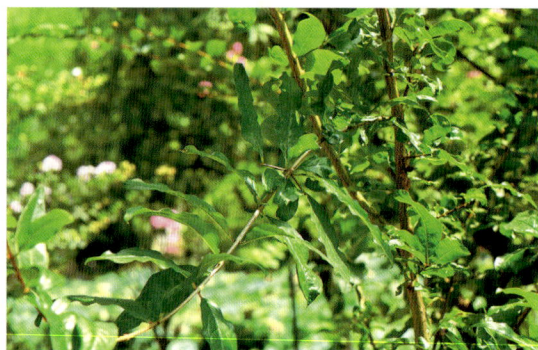

[生长习性] 生于海拔300~1 000 m的山上，喜温暖向阳的环境，耐旱、耐寒，也耐瘠薄，不耐涝和阴蔽；对土壤要求不严，但以排水良好的夹砂土为宜。

[应用场景] 适用于荒坡地造林、四旁绿化和矿山植被修复，或用于城市绿地建设，具有较高的观赏价值。

91. 石楠 *Photinia serratifolia*

[分类地位] 蔷薇科Rosaceae，石楠属*Photinia*。

[中文别名] 山官木、石楠柴、石眼树、笔树、千年红、中华石楠。

[性状特征] 常绿灌木或小乔木，叶片革质，长椭圆形、长倒卵形或倒卵状椭圆形，边缘有疏生具腺细锯齿，近基部全缘，上面光亮，中脉显著，侧脉25～30对。复伞房花序顶生，花密生，花瓣白色，近圆形，内外两面皆无毛。花期4—5月，果期10月。

[生长习性] 喜温暖湿润气候，能耐短期–15 ℃的低温；喜光稍耐阴，深根性，对土壤要求不严，但以肥沃、湿润、土层深厚、排水良好、微酸性的砂质土壤最为适宜。

[应用场景] 适用于荒坡地造林、四旁绿化和矿山植被修复，或用于城市绿地建设，具有较高的观赏价值。

92. 水麻 *Debregeasia orientalis*

[分类地位] 荨麻科Urticaceae，水麻属*Debregeasia*。

[中文别名] 柳莓、沟边木、假密蒙、折骨藤、水细麻、水玄麻。

[性状特征] 灌木，叶纸质或薄纸质，边缘有不等的细锯齿或细牙齿，上面暗绿色，疏生短糙毛，钟乳体点状，背面被白色或灰绿色毡毛，基出脉3条，细脉结成细网，各级脉在背面突起。花序雌雄异株，稀同株，生上年生枝和老枝的叶腋，花期3—4月，果期5—7月。

[生长习性] 常生于溪谷河流两岸潮湿地区，海拔300～2 800 m。喜温暖湿润的环境，较耐阴。

[应用场景] 适用于荒坡地造林、四旁绿化、矿山植被修复和岸线边坡治理。

93. 水杉 *Metasequoia glyptostroboides*

[分类地位] 柏科Cupressaceae，水杉属*Metasequoia*。

[中文别名] 水桫。

[性状特征] 乔木，一年生枝光滑无毛，幼时绿色，后渐变成淡褐色，二三年生枝淡褐灰色

或褐灰色；侧生小枝排成羽状，冬季凋落。叶条形，沿中脉有两条较边带稍宽的淡黄色气孔带，每带有4~8条气孔线，叶在侧生小枝上列成二列，羽状，冬季与枝一同脱落。

[生长习性] 喜温暖湿润气候，适宜土壤为酸性山地黄壤、紫色土或冲积土；喜光，不耐贫瘠和干旱，耐寒，耐水湿，根系发达；在长期积水或排水不良的地方生长缓慢。

[应用场景] 适用于四旁绿化、湿地和岸线植被修复，或用于城市绿地建设，具有较高的观赏价值。

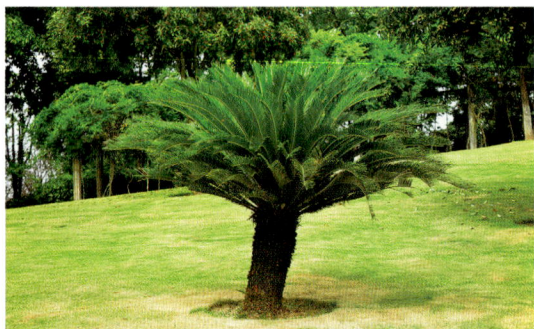

94. 苏铁 *Cycas revoluta*

[分类地位] 苏铁科Cycadaceae，苏铁属*Cycas*。

[中文别名] 凤尾草、凤尾松、凤尾蕉、辟火蕉、铁树、美叶苏铁。

[性状特征] 树干有明显螺旋状排列的菱形叶柄残痕。羽状叶从茎的顶部生出，叶轴两侧有齿状刺；羽状裂片达100对以上，条形，厚革质，坚硬，先端有刺状尖头，上面深绿色有光泽，中央微凹，下面浅绿色，中脉显著隆起。花期6—7月，种子10月成熟。

[生长习性] 喜暖热湿润的环境，不耐寒冷，生长甚慢，寿命约200年；喜光，稍耐半阴，喜肥沃湿润和微酸性的土壤，能耐干旱。

[应用场景] 适用于乡村人居环境提升和城市绿地建设，具有较高的观赏价值。

95. 梭鱼草 *Pontederia cordata*

[分类地位] 雨久花科Pontederiaceae，梭鱼草属*Pontederia*。

[中文别名] 海寿花。

[性状特征] 多年生挺水或湿生草本植物，株高80~150 cm。根茎为须状不定根。地下茎粗

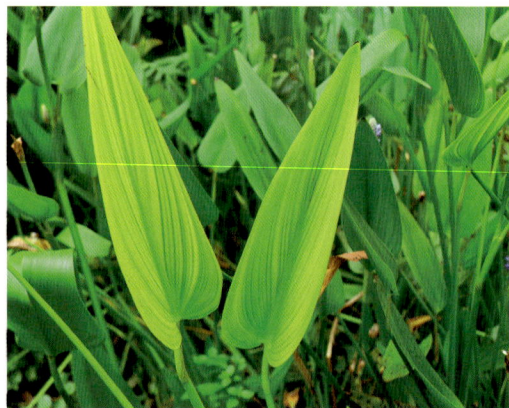

壮，黄褐色，有芽眼。叶片较大，光滑，橄榄色，倒卵状披针形。穗状花序顶生，小花密集在200朵以上，蓝紫色带黄斑点。花果期5—10月。

[生长习性] 喜温暖湿润、喜阳、喜肥、怕风不耐寒，适宜在20 cm以下的静水或水流缓慢的水域中生长，适温15~30 ℃，越冬温度不宜低于5 ℃；生长迅速，繁殖能力强。

[应用场景] 适用于湿地和岸线植被修复、水体质量改善及景观提升，观赏价值较高。

96. 桃 *Prunus persica*

[分类地位] 蔷薇科Rosaceae，李属*Prunus*。

[中文别名] 桃子、粘核油桃、粘核桃、离核桃、盘桃、日本丽桃。

[性状特征] 乔木，小枝细长，无毛，有光泽，绿色，具大量小皮孔。叶片长圆披针形或倒卵状披针形，叶边具细锯齿或粗锯齿；叶柄常具1至数枚腺体，有时无腺体。花单生，先于叶开放，花瓣粉红色。果实外面密被短柔毛，稀无毛，腹缝明显。花期3—4月。

[生长习性] 喜温暖，喜光、耐寒、耐旱，生长萌发温度为20~25 ℃，可在−25 ℃的环境下存活；喜松软、富含有机质和微酸性的土壤，碱土导致根系无法吸收养分。

[应用场景] 适用于荒坡地造林、四旁绿化和矿山植被修复，或用于城市绿地建设，具有较高的经济价值。

97. 天竺桂 *Cinnamomum japonicum*

[分类地位] 樟科Lauraceae，桂属*Cinnamomum*。

[中文别名] 山玉桂、土桂、土肉桂、山肉桂、大叶天竺桂。

[性状特征] 常绿乔木，枝条无毛，红色或红褐色，具香气。叶近对生或在枝条上部者互

生，革质，上面绿色，光亮，下面灰绿色，晦暗，两面无毛，离基三出脉，中脉直贯叶端；叶柄粗壮，腹凹背凸，红褐色，无毛。花期4—5月，果期7—9月。

[生长习性] 生于海拔300～1 000 m或以下的低山的常绿阔叶林中。喜温暖、湿润气候，耐阴，忌积水，宜肥沃、湿润及排水良好的微酸性土壤。

[应用场景] 适用于荒坡地造林、四旁绿化、矿山植被修复和林相改造，或用于城市绿地建设，具有较高的观赏价值。

98. 蚊母树*Distylium racemosum*

[分类地位] 金缕梅科Hamamelidaceae，蚊母树属*Distylium*。

[中文别名] 米心树、蚊母、蚊子树、中华蚊母。

[性状特征] 常绿灌木或中乔木，叶革质，椭圆形或倒卵状椭圆形，上面深绿色，发亮，侧脉5～6对，在上面不明显，在下面稍突起，边缘无锯齿。总状花序长约2 cm，花序轴无毛，总苞2～3片，卵形，有鳞垢。蒴果卵圆形，先端尖，外面有褐色星状绒毛。

[生长习性] 喜光，稍耐阴，喜温暖湿润气候，耐寒性不强；萌芽、发枝力强，耐修剪；对土壤要求不严，酸性、中性土壤均能适应，以排水良好、肥沃和湿润的土壤最好。

[应用场景] 适用于四旁绿化和矿山植被修复，或用于城市绿地建设，具有较高的观赏价值。

99. 乌桕*Triadica sebifera*

[分类地位] 大戟科Euphorbiaceae，乌桕属*Triadica*。

[中文别名] 木子树、桕子树、腊子树、米桕、多果乌桕、桂林乌桕。

[性状特征] 乔木，各部均无毛；枝灰褐色，具细纵棱，有皮孔。叶互生，纸质，叶片阔卵形，全缘；中脉两面微凸起，侧脉7～9对，网脉明显；叶柄顶端具2腺体。花单性，雌雄同株，聚集成顶生总状花序。花期5—7月。

[生长习性] 性喜高温湿润、向阳之地，生长适宜温度为20～30 ℃；主根发达，抗风力强，生长快速，耐热、耐寒、耐旱、耐瘠；能耐间歇或短期水淹，对土壤适应性较强；年降雨量

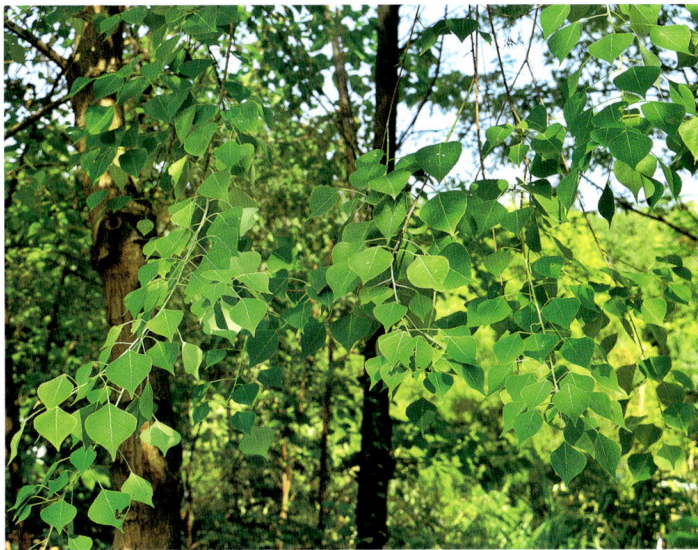

750 mm以上地区均可栽植，在海拔500 m以下当阳的缓坡或石灰岩山地生长良好。

[应用场景] 适用于荒坡地造林、四旁绿化、矿山植被修复和林相改造，或用于城市绿地建设，具有较高的观赏价值。

100. 蜈蚣风尾蕨 *Pteris vittata*

[分类地位] 风尾蕨科 Pteridaceae，风尾蕨属 *Pteris*。

[中文别名] 蜈蚣草、鸡冠风尾蕨、蜈蚣蕨。

[性状特征] 多年生草本。根状茎直立，木质，密被蓬松的黄褐色鳞片。叶簇生，叶片倒披针状长圆形，一回羽状；顶生羽片与侧生羽片同形，下部羽片较疏离，斜展，无柄，不与叶轴合生，向下羽片逐渐缩短，基部羽片仅为耳形，中部羽片最长，狭线形。

[生长习性] 生于海拔2 000 m以下钙质土或石灰岩上，也常生于石隙或墙壁上，在不同的生境下，形体大小变异很大。从不生长在酸性土壤上，为钙质土及石灰岩的指示植物，其生长地土壤的pH值为7.0~8.0。

[应用场景] 适用于四旁绿化和矿山植被修复，或在城市绿地建设中作道路两侧植被绿化或地被植物，具有较高的观赏价值。

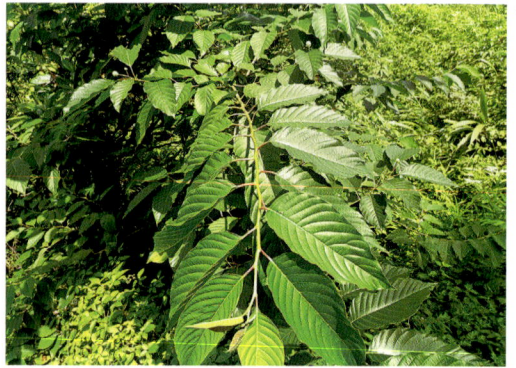

101. 喜树*Camptotheca acuminata*

[分类地位] 蓝果树科Nyssaceae，喜树属*Camptotheca*。

[中文别名] 千丈树、旱莲木、薄叶喜树。

[性状特征] 落叶乔木，树皮灰色或浅灰色，纵裂成浅沟状。小枝圆柱形，无毛。叶互生，纸质，全缘，上面亮绿色，下面淡绿色，疏生短柔毛，侧脉11～15对。圆锥花序顶生或腋生。翅果两侧具窄翅，着生成近球形的头状果序。花期5—7月，果期9月。

[生长习性] 喜温暖湿润，不耐严寒和干燥，可在年平均温度13～17 ℃、年降雨量1 000 mm以上地区生长；萌芽率强，较耐水湿，对土壤酸碱度要求不严。

[应用场景] 适用于荒坡地造林、四旁绿化、矿山植被修复、岸线边坡治理和林相改造，或用于城市绿地建设，具有较高的观赏价值。

102. 香椿*Toona sinensis*

[分类地位] 楝科Meliaceae，香椿属*Toona*。

[中文别名] 椿芽、春甜树、春阳树、椿、湖北香椿、陕西香椿。

[性状特征] 乔木；树皮粗糙，深褐色，片状脱落。偶数羽状复叶，小叶16～20片，对生或互生，纸质，边全缘或有疏离的小锯齿，两面均无毛。圆锥花序与叶等长或更长，被稀疏的锈色短柔毛或有时近无毛，花瓣白色，无毛。花期6—8月，果期10—12月。

[生长习性] 喜温，适宜在平均气温8～10 ℃的地区栽培，抗寒能力随苗树龄的增加而提高；喜光，较耐湿，适宜生长于肥沃湿润的砂壤土，适宜的pH = 5.5～8.0。

[应用场景] 适用于荒坡地造林、四旁绿化、矿山植被修复、岸线边坡治理和林相改造。

103. 小蜡 *Ligustrum sinense*

[分类地位] 木樨科Oleaceae，女贞属*Ligustrum*。

[中文别名] 山指甲、花叶女贞。

[性状特征] 落叶灌木或小乔木。叶片纸质或薄革质，上面深绿色，疏被短柔毛或无毛，下面淡绿色，疏被短柔毛或无毛，侧脉4～8对。圆锥花序顶生或腋生，塔形。果近球形，径5～8 mm。花期3—6月，果期9—12月。

[生长习性] 生长于海拔200～2 600 m的山坡、山谷、溪边、河旁、路边的密林、疏林或混交林中。喜光，喜温暖或高温湿润气候，生命力强，生长地全日照或半日照均能正常生长，耐寒，较耐瘠薄，耐修剪，不耐水湿，土质以肥沃之砂质壤土为佳。

[应用场景] 适用于荒坡地造林、四旁绿化和矿山植被修复，或在城市绿地建设中用于道路两侧植被绿化或植物篱，具有较高的观赏价值。

104. 小琴丝竹 *Bambusa multiplex* 'Alphonse-Karr'

[分类地位] 禾本科Gramineae，簕竹属*Bambusa*。

[中文别名] 花孝顺竹。

[性状特征] 竿丛生，竿和分枝的节间黄色，具不同宽度的绿色纵条纹，竿箨新鲜时绿色，具黄白色纵条纹。节间长30～50 cm，竿壁稍薄；数枝乃至多枝簇生，主枝稍较粗长。末级小枝具5～12叶。叶片上表面无毛，下表面粉绿而密被短柔毛，先端渐尖具粗糙细尖头。

[生长习性] 喜温暖湿润气候，具有较强的抗旱能力和耐寒性，在冬季－6 ℃左右的低温条件下能安全越冬。

[应用场景] 适用于乡村人居环境提升和城市绿地建设，用作道路两侧植被绿化或植物篱，具有较高的观赏价值。

105. 杏 *Prunus armeniaca*

[分类地位] 蔷薇科Rosaceae，李属*Prunus*。

[中文别名] 归勒斯、杏花、杏树。

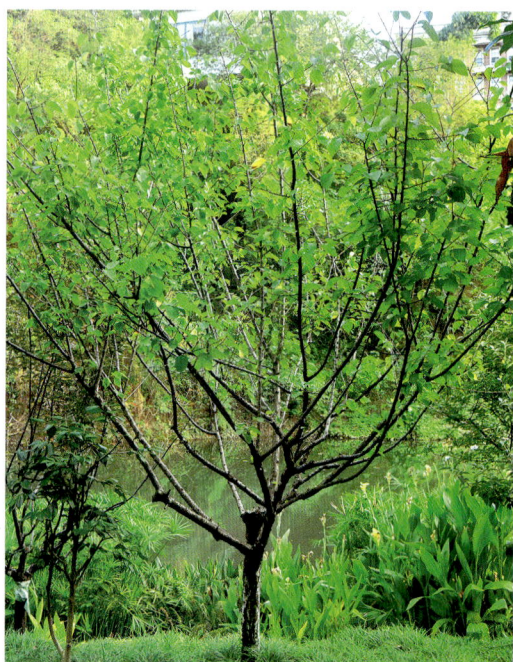

[性状特征] 乔木，多年生枝浅褐色，皮孔大而横生。叶片有圆钝锯齿，两面无毛或下面脉腋间具柔毛。花单生，花瓣白色或带红色。果实球形，稀倒卵形，白色、黄色至黄红色，常具红晕，微被短柔毛；果肉多汁，成熟时不开裂。花期3—4月，果期6—7月。

[生长习性] 阳性树种，喜光，耐寒力强，适应性强，深根性，喜光，耐干旱，不抗涝，抗寒，抗风，能在各类土壤上生长，以排水良好的砂壤土最为适宜；寿命可达百年以上。

[应用场景] 适用于荒坡地造林、四旁绿化和矿山植被修复，或用于城市绿地建设，具有较高的经济价值。

106. 绣球 *Hydrangea macrophylla*

[分类地位] 绣球花科Hydrangeaceae，绣球属*Hydrangea*。

[中文别名] 八仙花、紫阳花。

[性状特征] 灌木，茎常于基部发出多数放射枝。叶纸质或近革质，边缘于基部以上具粗齿，两面无毛或仅下面中脉两侧被稀疏卷曲短柔毛；侧脉6～8对，小脉网状，两面明显。伞房状聚伞花序近球形，花密集。花期6—8月。

[生长习性] 喜温暖、湿润和半阴环境，生长适温为18～28 ℃，冬季温度不低于5 ℃；土壤以疏松、肥沃和排水良好的砂质壤土为好。

[应用场景] 适用于乡村人居环境提升和城市绿地建设，用作道路两侧植被绿化或地被植物，具有较高的观赏价值。

107. 雅榕 *Ficus concinna*

[分类地位] 桑科Moraceae，榕属*Ficus*。

[中文别名] 无柄小叶榕、万年青、小叶榕、近无柄雅榕。

[性状特征] 乔木，树皮深灰色，有皮孔；小枝粗壮，无毛。叶狭椭圆形，全缘，两面光滑无毛，侧脉4～8对。榕果成对腋生或3～4个簇生于无叶小枝叶腋，球形，榕果无总梗或不超过0.5 mm。花果期3—6月。

[生长习性] 生于海拔900～1 600 m，喜光照充足，幼树随着树龄增大而抗寒性增强，0 ℃以下气温会对5年生以下的树苗造成严重冻害；对盐胁迫具有一定耐受能力，土壤以砂壤土为宜。

[应用场景] 适用于荒坡地造林、四旁绿化、矿山植被修复、岸线边坡治理和林相改造，或用于城市绿地建设，具有较高的观赏价值。

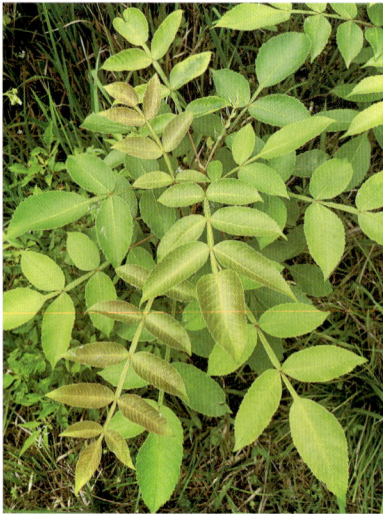

108. 盐麸木 *Rhus chinensis*

[分类地位] 漆树科Anacardiaceae，盐麸木属*Rhus*。

[中文别名] 肤连泡、盐肤子、肤杨树、红盐果、盐树根、盐肤木。

[性状特征] 落叶小乔木或灌木，小枝被锈色柔毛。奇数羽状复叶，小叶3～6对，叶轴具叶状翅，小叶自下而上增大，叶轴和叶柄密被锈色柔毛；小叶边缘具粗锯齿或圆齿，叶面暗绿色，叶背粉绿色，被白粉，叶背被锈色柔毛。花期8—9月，果期10月。

[生长习性] 生于海拔170～2 700 m的向阳山坡、沟谷、溪边的疏林或灌丛中。喜光、喜温暖湿润气候，适应性强，耐寒；对土壤要求不严，根系发达，根萌蘖性很强，生长快。

[应用场景] 适用于荒坡地造林、四旁绿化、矿山植被修复、岸线边坡治理和林相改造。

109. 艳山姜 *Alpinia zerumbet*

[分类地位] 姜科Zingiberaceae，山姜属*Alpinia*。

[中文别名] 红团叶、糕叶、花叶良姜、斑纹月桃。

[性状特征] 株高2～3 m。叶片披针形，顶端渐尖而有一旋卷的小尖头，边缘具短柔毛，两面均无毛。圆锥花序呈总状花序式，下垂，在每一分枝上有花1～2朵；花萼近钟形，白色，顶粉红色。花期4—6月，果期7—10月。

[生长习性] 阳性植物，性喜高温潮湿环境，可耐阴但不耐寒，一般只能耐8 ℃左右的温度，适合保水性良好、肥沃的土壤。

[应用场景] 适用于湿地边缘和岸线植被修复，亦可在城市绿地建设中作为地被植物，具有较高的观赏价值。

110. 羊蹄甲 *Bauhinia purpurea*

[分类地位] 豆科Leguminosae，羊蹄甲属*Bauhinia*。

[中文别名] 紫花羊蹄甲、玲甲花。

[性状特征] 乔木或直立灌木；叶硬纸质，近圆形，基部浅心形，先端分裂达叶长的1/3～1/2，两面无毛或下面薄被微柔毛。总状花序侧生或顶生，少花；花瓣桃红色，倒披针形，具脉纹和长的瓣柄。荚果带状，扁平，成熟时开裂。花期9—11月，果期2—3月。

[生长习性] 阳性树种，幼苗及成年树均需充足的阳光；适生于温热气候，但较耐寒，能耐

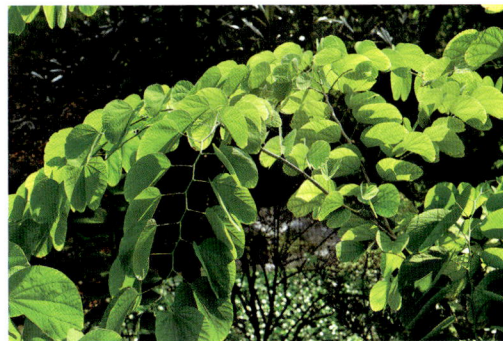

短期－3 ℃低温；对土壤要求不苛，在酸性土、碱性土、黏重土上均能生长，在干旱瘠薄地则生长不良。

[应用场景] 适用于四旁绿化或城市绿地建设，具有较高的观赏价值。

111. 杨梅*Morella rubra*

[分类地位] 杨梅科Myricaceae，杨梅属*Morella*。

[中文别名] 圣生梅、白蒂梅、树梅。

[性状特征] 常绿乔木，叶革质，无毛，密集于小枝上端部分，边缘中部以上具稀疏的锐锯齿，中部以下常为全缘。核果球状，外表面具乳头状凸起，外果皮肉质，多汁液及树脂，味酸甜，成熟时深红色或紫红色。4月开花，6—7月果实成熟。

[生长习性] 生于海拔125～1 500 m，喜温暖湿润，耐阴，不耐强烈日照，适用于年平均温度15～20 ℃，绝对最低温度不低于－9 ℃，要求年雨量1 000 mm以上；喜酸性土壤。

[应用场景] 适用于荒坡地造林、四旁绿化和矿山植被修复，或用于城市绿地建设，具有较高的观赏价值。

112. 野蔷薇*Rosa multiflora*

[分类地位] 蔷薇科Rosaceae，蔷薇属*Rosa*。

[中文别名] 蔷薇、多花蔷薇、刺花、白花蔷薇、七姐妹。

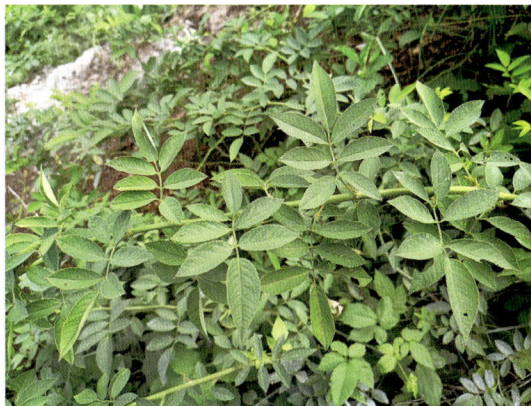

[性状特征] 灌木；小枝圆柱形，有短、粗稍弯曲皮束。小叶5~9片；小叶边缘有尖锐单锯齿，稀混有重锯齿，上面无毛，下面有柔毛。花多朵，排成圆锥状花序，花瓣白色。果近球形，红褐色或紫褐色，有光泽，无毛。

[生长习性] 性强健、喜光、耐半阴、耐寒、对土壤要求不严，在黏重土中也可正常生长；耐瘠薄，忌低洼积水；以肥沃、疏松的微酸性土壤最好。

[应用场景] 适用于四旁绿化、矿山植被修复和岸线边坡治理，或用于城市绿地建设，具有较高的观赏价值。

113. 叶子花 *Bougainvillea spectabilis*

[分类地位] 紫茉莉科Nyctaginaceae，叶子花属*Bougainvillea*。

[中文别名] 宝巾、三角梅、三角花、九重葛、毛宝巾。

[性状特征] 灌木，枝、叶密生柔毛；刺腋生、下弯。单叶互生，椭圆形或卵形，基部圆形，有柄。花细小，黄绿色，三朵聚生于三片红苞中，外围的红苞片鲜红色、橙黄色、紫红色或乳白色。花期11月—翌年6月。

[生长习性] 性喜温暖湿润气候和阳光充足的环境，不耐寒，耐瘠薄、耐干旱、耐盐碱、耐修剪，生长势强，喜水但忌积水；要求充足的光照，对土壤要求不严，喜肥沃、疏松和排水好的砂质壤土。

[应用场景] 适用于四旁绿化、矿山植被修复和岸线边坡治理，或用于城市绿地建设，具有较高的观赏价值。

114. 银白杨*Populus alba*

[分类地位] 杨柳科Salicaceae，杨属*Populus*。

[中文别名] 无。

[性状特征] 乔木，树皮白色至灰白色，平滑。小枝初被白色绒毛，萌条密被绒毛。萌枝和长枝叶掌状3~5浅裂，中裂片远大于侧裂片，边缘呈不规则凹缺；短枝叶较小，边缘有不规则且不对称的钝齿牙，上面光滑，下面被白色绒毛。花期4—5月，果期5月。

[生长习性] 喜大陆性气候，喜光，耐寒，-40 ℃条件下无冻害；不耐阴，深根性，抗风力强；耐干旱气候，不耐湿热；对土壤条件要求不严，但以湿润肥沃的砂质土生长良好。

[应用场景] 适用于荒坡地造林、四旁绿化和矿山植被修复。

115. 银杏*Ginkgo biloba*

[分类地位] 银杏科Ginkgoaceae，银杏属*Ginkgo*。

[中文别名] 鸭掌树、鸭脚子、公孙树、白果。

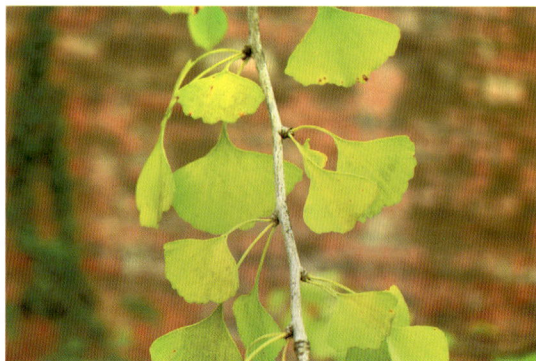

[性状特征] 乔木，枝近轮生。叶扇形，有长柄，无毛，在短枝上具波状缺刻，在长枝上2裂，在一年生长枝上螺旋状散生，在短枝上3~8叶呈簇生状，秋季落叶前变为黄色。种子外种皮肉质，熟时黄色或橙黄色，外被白粉，有臭味。花期3—4月，种子9—10月成熟。

[生长习性] 喜光树种，深根性，能在高温多雨及雨量稀少、冬季寒冷的地区生长，但生长缓慢或不良；对土壤酸碱适应性强，但不耐盐碱土及过湿的土壤。以海拔1 000 m以下，气候温暖湿润，年降水量700~1 500 mm，土层深厚、肥沃湿润、排水良好的地区生长最好。

[应用场景] 适用于荒坡地造林、四旁绿化和矿山植被修复，或用于城市绿地建设，具有较高的观赏价值。

116. 迎春花*Jasminum nudiflorum*

[分类地位] 木樨科Oleaceae，素馨属*Jasminum*。

[中文别名] 重瓣迎春、迎春。

[性状特征] 落叶灌木，枝条下垂。枝稍扭曲，光滑无毛，小枝四棱形，棱上多少具狭翼。叶对生，三出复叶，小枝基部常具单叶；小叶片先端具短尖头，叶缘反卷，顶生小叶片较大。花单生于去年生小枝的叶腋，稀生于小枝顶端。花期6月。

[生长习性] 生于海拔800~2 000 m山坡灌丛中，根部萌发力强，枝条着地部分极易生根。喜光，稍耐阴，略耐寒，怕涝；要求温暖湿润气候，疏松肥沃和排水良好的砂质土，在酸性土中生长旺盛，碱性土中生长不良。

[应用场景] 适用于四旁绿化、矿山植被修复和岸线边坡治理，或用于城市绿地建设，具有较高的观赏价值。

117. 油麻藤*Mucuna sempervirens*

[分类地位] 豆科Leguminosae，油麻藤属*Mucuna*。

[中文别名] 棉麻藤、牛马藤、常绿油麻藤、常春油麻藤。

[性状特征] 常绿木质藤本，树皮有皱纹，幼茎有纵棱和皮孔。羽状复叶具3小叶，小叶纸质或革质，顶生小叶椭圆形，侧生小叶极偏斜，无毛。总状花序生于老茎上，每节上有3花，无香气或有臭味；花冠深紫色，干后黑色。花期4—5月，果期8—10月。

[生长习性] 生于海拔300~3 000 m的亚热带森林、灌木丛、溪谷或河边。耐阴、喜光、喜湿暖湿润气候，适应性强，耐寒，耐干旱和耐瘠薄，对土壤要求不严，喜深厚、肥沃、排水良好、疏松的土壤。

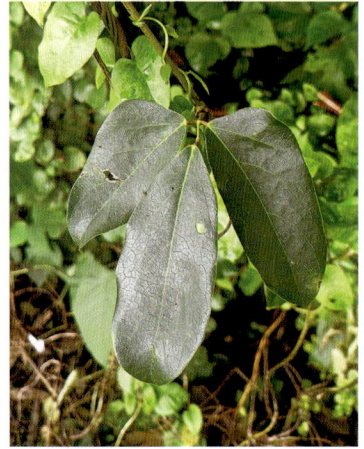

[应用场景] 适用于道路边坡、岸线边坡、矿山边坡和地质灾害边坡岩土体绿化，亦可用于建构筑物表面植被覆绿。

118. 油桐*Vernicia fordii*

[分类地位] 大戟科Euphorbiaceae，油桐属*Vernicia*。

[中文别名] 三年桐。

[性状特征] 落叶乔木，树皮近光滑；枝条粗壮无毛，具明显皮孔。叶全缘，稀1～3浅裂，成长叶上面深绿色，无毛，下面灰绿色，被贴伏微柔毛；叶柄顶端有2枚腺体。花瓣白色，有淡红色脉纹。核果近球状，果皮光滑。花期3—4月，果期8—9月。

[生长习性] 生于海拔1 000 m以下丘陵山区。喜温暖湿润气候，怕严寒，适用于年平均温度16～18 ℃，年降雨量900～1 300 mm；以阳光充足、土层深厚、疏松肥沃、富含腐殖质、排水良好的微酸性砂质壤土为宜。

[应用场景] 适用于荒坡地造林、四旁绿化、矿山植被修复和林相改造。

119. 柚*Citrus maxima*

[分类地位] 芸香科Rutaceae，柑橘属*Citrus*。

[中文别名] 文旦、抛、大麦柑、橙子、文旦柚。

[性状特征] 乔木，嫩枝、叶背、花梗、花萼及子房均被柔毛。叶质颇厚，色浓绿。总状花序，花淡紫红色，稀乳白色。果淡黄或黄绿色，果皮甚厚或薄，果心实但松软，瓤囊10～15或多至19瓣，汁胞白色、粉红或鲜红色。花期4—5月，果期9—12月。

[生长习性] 性喜温暖、湿润气候，不耐干旱，生长期最适温度23～29 ℃，不耐久涝，较喜阴；在土层深、富含有机质、pH＝5.5～7.5的土壤中生长为宜。

[应用场景] 适用于荒坡地造林、四旁绿化、矿山植被修复，具有较高的经济价值。

120. 玉兰 *Yulania denudata*

[分类地位] 木兰科Magnoliaceae，玉兰属*Yulania*。

[中文别名] 应春花、白玉兰、望春花、迎春花、玉堂春、木兰。

[性状特征] 落叶乔木，小枝稍粗壮，灰褐色。叶纸质，叶上深绿色，下面淡绿色，侧脉每

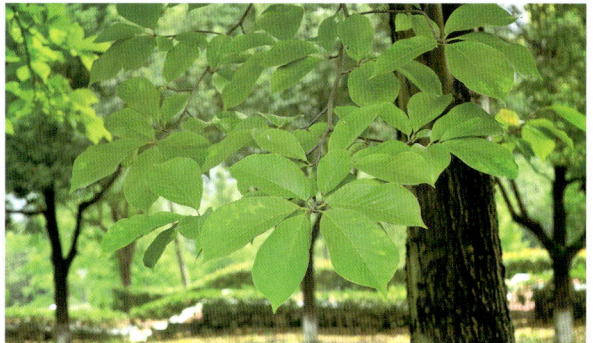

边8～10条，网脉明显。花蕾卵圆形，花先叶开放；花梗显著膨大，密被淡黄色长绢毛；花被片9片，白色。花期2—3月，果期8—9月。

[生长习性] 生于海拔500～1 000 m，喜光，稍耐阴，有一定耐寒性，在－20 ℃条件下能安全越冬，喜肥沃润湿而排水良好的弱酸性土壤。

[应用场景] 适用于四旁绿化和矿山植被修复，或用于城市绿地建设，具有较高的观赏价值。

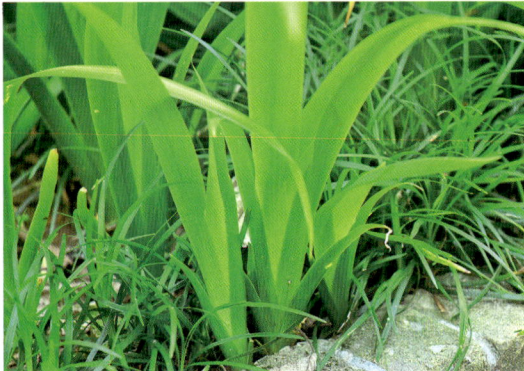

121. 鸢尾 *Iris tectorum*

[分类地位] 鸢尾科Iridaceae，鸢尾属*Iris*。

[中文别名] 老鸹蒜、蛤蟆七、扁竹花、紫蝴蝶、蓝蝴蝶、屋顶鸢尾。

[性状特征] 多年生草本，植株基部围有老叶残留的膜质叶鞘及纤维。根状茎粗壮，二歧分枝，直径约1 cm，斜伸；须根较细而短。叶基生，黄绿色，稍弯曲，中部略宽，宽剑形。花蓝紫色，直径约10 cm。花期4—5月，果期6—8月。

[生长习性] 生长于海拔800～1 800 m的灌木林缘、沼泽土壤或浅水层中。喜阳光充足，气候凉爽的环境，耐寒力强；喜适度湿润，排水良好，富含腐殖质、略带碱性的黏性石灰质土壤。

[应用场景] 适用于四旁绿化和矿山植被修复，或在城市绿地建设中用于道路两侧植被绿化或地被植物，具有较高的观赏价值。

122. 再力花 *Thalia dealbata*

[分类地位] 竹芋科Marantaceae，水竹芋属*Thalia*。

[中文别名] 水竹芋、水莲蕉、塔利亚。

[性状特征] 多年生挺水草本，具块状根茎，根茎上密布不定根。叶基生，4～6片；叶柄较长，下部鞘状，基部略膨大，叶柄顶端和基部红褐色或淡黄褐色；叶片硬纸质，浅灰绿色，边缘紫色，全缘；叶背表面被白粉，叶腹面具稀疏柔毛。复穗状花序，小花紫红色。

[生长习性] 喜温暖水湿、阳光充足环境，不耐寒冷和干旱，耐半阴，在微碱性的土壤中生长良好；最适生长温度为20～30 ℃，入冬后地上部分逐渐枯死，以根茎在泥中越冬；繁殖系数大、生长速度快，水肥吸收能力强。

[应用场景] 适用于湿地和岸线植被修复、水体质量改善及景观提升，观赏价值较高。

123. 樟 *Camphora officinarum*

[分类地位] 樟科Lauraceae，樟属*Camphora*。

[中文别名] 香樟、芳樟、樟木。

[性状特征] 常绿大乔木，枝、叶及木材均有樟脑气味。叶互生，边缘全缘，软骨质，有光泽，具离基三出脉。圆锥花序腋生，花绿白或带黄色。果卵球形或近球形，紫黑色。花期4—5月，果期8—11月。

[生长习性] 在光照充足、气候温暖、湿润的环境下长势良好，对寒冷的耐性不强；对土壤没有严格的要求，以在pH值呈微酸性的土壤中长势最好，其对涝灾的环境具有一定的抗性，在干旱的环境中长势不佳。

[应用场景] 适用于荒坡地造林、四旁绿化、矿山植被修复和林相改造，或用于城市绿地建设，具有较高的观赏价值。

124. 栀子 *Gardenia jasminoides*

[分类地位] 茜草科Rubiaceae，栀子属*Gardenia*。

[中文别名] 野栀子、黄栀子、栀子花、小叶栀子、山栀子。

[性状特征] 灌木。叶对生，革质，上面亮绿，下面色较暗。花芳香，通常单朵生于枝顶，

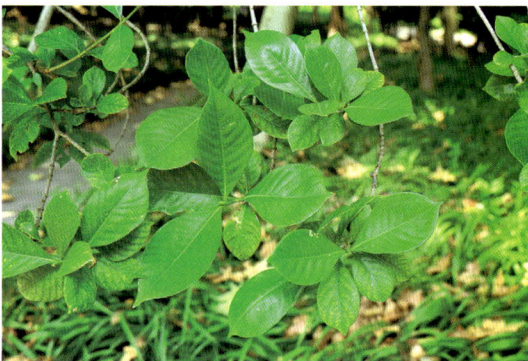

花冠白色或乳黄色,高脚碟状。果黄色或橙红色,有翅状纵棱5～9条,顶部宿存萼片。花期3—7月,果期5月—翌年2月。

[生长习性] 喜温暖湿润气候,较耐旱,忌积水;适宜生长在疏松、肥沃、排水良好、轻黏性酸性土壤中;幼苗期需要遮阴,荫蔽度以30%生长良好,但进入结果期,则喜充足的光照。

[应用场景] 适用于荒坡地造林、四旁绿化和矿山植被修复,或用于城市绿地建设,具有较高的观赏价值。

125. 紫荆 *Cercis chinensis*

[分类地位] 豆科Leguminosae,紫荆属*Cercis*。

[中文别名] 紫珠、裸枝树、满条红、白花紫荆、白花紫荆、短毛紫荆。

[性状特征] 灌木,树皮和小枝灰白色。叶纸质,两面常无毛,嫩叶绿色,仅叶柄略带紫色,叶缘膜质透明。花紫红色或粉红色,成束簇生于老枝和主干上,通常先于叶开放。荚果扁狭长形,绿色。花期3—4月,果期8—10月。

[生长习性] 多植于庭园、屋旁、寺街边,少数生于密林或石灰岩地区。暖带树种,较耐

寒;喜光,稍耐阴;喜肥沃、排水良好的土壤,不耐湿;萌芽力强,耐修剪。

[应用场景] 适用于四旁绿化和矿山植被修复,或用于城市绿地建设,具有较高的观赏价值。

126. 紫穗槐*Amorpha fruticosa*

[分类地位] 豆科Leguminosae，紫穗槐属*Amorpha*。

[中文别名] 槐树、紫槐、棉槐、棉条、椒条。

[性状特征] 丛生，小枝灰褐色。叶互生，奇数羽状复叶，小叶11～25枚；小叶有一短而弯曲的尖刺，上面无毛或被疏毛，下面有白色短柔毛，具黑色腺点。穗状花序顶生和枝端腋生，密被短柔毛。荚果下垂，微弯曲，顶端具小尖，棕褐色，表面有凸起的疣状腺点。

[生长习性] 喜干冷气候，在年均气温10～16 ℃，年降水量500～700 mm的地区生长最好；耐寒性和耐旱性强，具有一定的耐淹能力，对光线要求充足，对土壤要求不严。

[应用场景] 适用于荒坡地造林、四旁绿化和矿山植被修复，或用于城市绿地建设，具有较高的观赏价值。

127. 紫薇*Lagerstroemia indica*

[分类地位] 千屈菜科Lythraceae，紫薇属*Lagerstroemia*。

[中文别名] 千日红、无皮树、百日红、紫兰花、紫金花、痒痒树、痒痒花。

[性状特征] 落叶灌木或小乔木，树皮平滑；枝干多扭曲，小枝纤细，具4棱。叶互生或有时对生，纸质，侧脉3～7对。花淡红色或紫色、白色，花瓣6枚。蒴果幼时绿色至黄色，成熟时或干燥时呈紫黑色。花期6—9月，果期9—12月。

[生长习性] 喜光、略耐阴、耐干旱、忌水涝，喜暖湿气候，有一定的抗寒力，喜深厚、肥沃的湿润砂质壤土，不论钙质土或酸性土都生长良好。

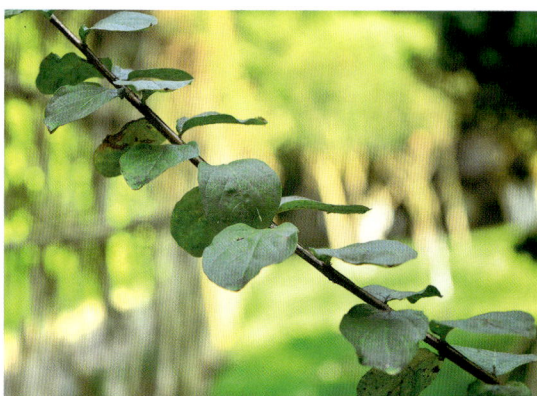

[应用场景] 适用于乡村人居环境提升和城市绿地建设，用作道路两侧植被绿化或植物篱，具有较高的观赏价值。

128. 紫叶李*Prunus cerasifera* 'Atropurpurea'

[分类地位] 蔷薇科Rosaceae，李属*Prunus*。

[中文别名] 红叶李、真红叶李。

[性状特征] 灌木或小乔木，多分枝，枝条细长，开展，暗灰色，有时有棘刺；小枝暗红色，无毛。叶片边缘有圆钝锯齿，紫色。花1朵，稀2朵；花瓣白色，边缘波状，基部楔形，着生在萼筒边缘。花期4月，果期8月。

[生长习性] 喜光、温暖湿润气候，有一定的抗旱能力；对土壤适应性强，不耐干旱，较耐

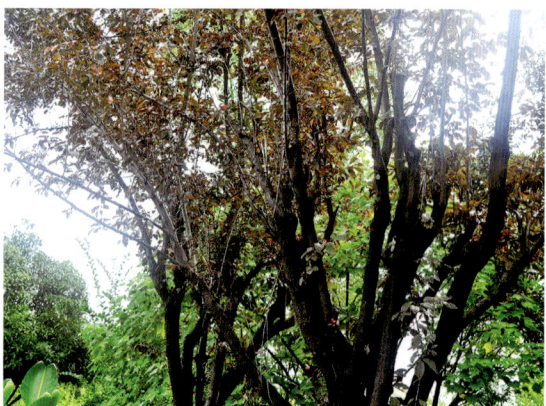

水湿，但在深厚肥沃、排水良好的黏质中性和酸性土壤中生长良好，不耐碱。根系较浅，萌生力较强。

[应用场景] 适用于四旁绿化和矿山植被修复，或用于城市绿地建设，具有较高的观赏价值。

129. 棕榈 *Trachycarpus fortunei*

[分类地位] 棕榈科Arecaceae，棕榈属*Trachycarpus*。

[中文别名] 棕树。

[性状特征] 乔木状，树干圆柱形，被不易脱落的老叶柄基部和密集的网状纤维。叶片呈3/4圆形或者近圆形，深裂成具皱折的线状剑形；叶柄两侧具细圆齿，顶端有明显戟突。花序粗壮，多次分枝，从叶腋抽出。花期4月，果期12月。

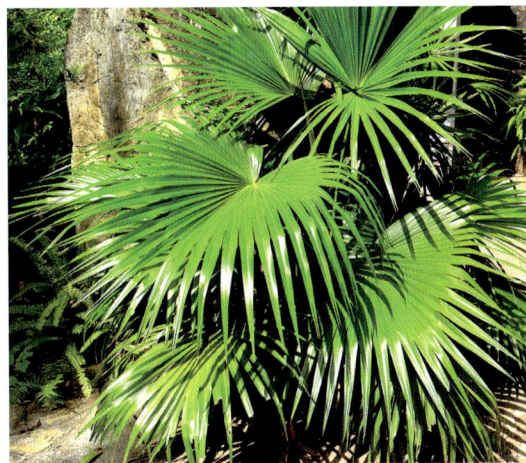

[生长习性] 喜温暖湿润的气候，喜光，极耐寒，较耐阴，极耐旱，不能抵受太大的日夜温差；适生于排水良好、湿润肥沃的中性、石灰性或微酸性土壤，耐轻盐碱，也耐一定的干旱与水湿。

[应用场景] 适用于城市绿地建设，具有较高的观赏价值。

130. 棕竹 *Rhapis excelsa*

[分类地位] 棕榈科Arecaceae，棕竹属*Rhapis*。

[中文别名] 裂叶棕竹。

[性状特征]丛生灌木，茎圆柱形，有节。叶掌状深裂，裂片4~10片，不均等，具2~5条肋脉。总花序梗及分枝花序基部各有1枚佛焰苞包着，密被褐色弯卷绒毛。果实球状倒卵形，直径8~10 mm。花期6—7月。

[生长习性]喜温暖湿润及通风良好的半阴环境，不耐积水，极耐阴，畏烈日，稍耐寒，可耐0 ℃左右低温，适宜温度10~30 ℃；生长缓慢，要求疏松肥沃的酸性土壤，不耐瘠薄和盐碱，要求较高的土壤湿度和空气温度。

[应用场景]适用于乡村人居环境提升和城市绿地建设，用作道路两侧植被绿化或植物篱，具有较高的观赏价值。

131. 醉鱼草 *Buddleja lindleyana*

[分类地位]玄参科Scrophulariaceae，醉鱼草属*Buddleja*。

[中文别名]闭鱼花、痒见消、鱼尾草、五霸蔷。

[性状特征]灌木，小枝具四棱，棱上略有窄翅；幼枝、叶片下面、叶柄、花序、苞片及小苞片均密被星状短绒毛和腺毛。叶对生，叶片膜质。穗状聚伞花序顶生，花紫色。果序穗状，蒴果无毛，有鳞片，基部常有宿存花萼。花期4—10月，果期8月—翌年4月。

[生长习性]生于海拔200~2 700 m山地路旁、河边灌木丛中或林缘。喜光照，不耐水湿，植株萌发力强，耐修剪，耐寒、耐旱、耐贫瘠；喜欢生长于干燥、排水好的地方。

[应用场景]适用于四旁绿化和矿山植被修复，或用于城市绿地建设，具有较高的观赏价值。

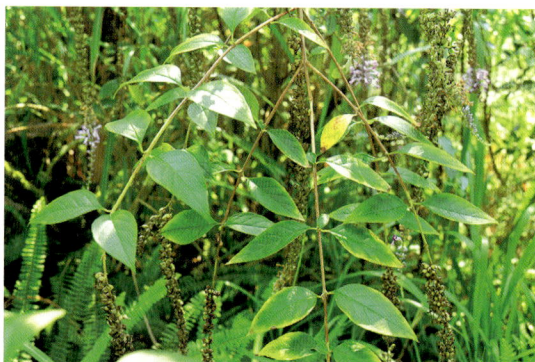

第四章 重庆常见入侵植物

1. 阿拉伯婆婆纳*Veronica persica*

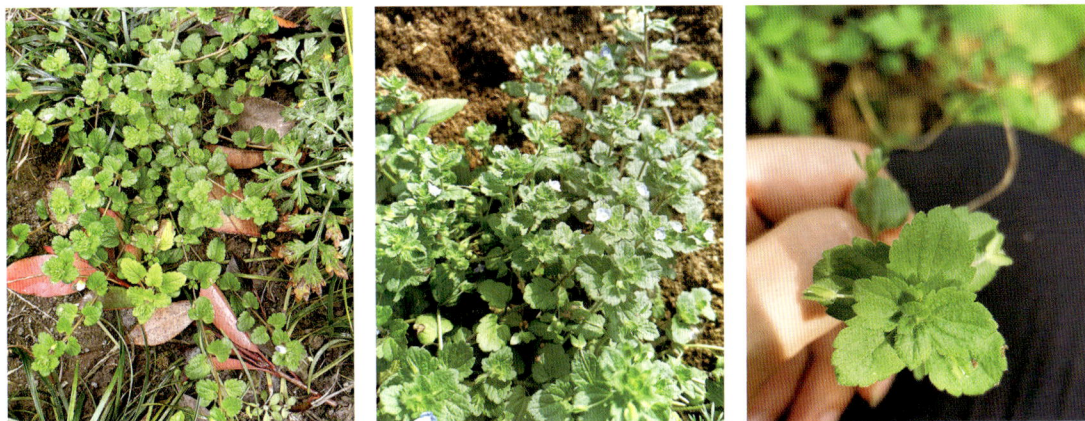

[分类地位] 车前科Plantaginaceae，婆婆纳属*Veronica*。

[中文别名] 波斯婆婆纳、肾子草。

[性状特征] 铺散多分枝草本。叶2~4对，具短柄，边缘具钝齿，两面疏生柔毛。总状花序，花冠蓝色、紫色或蓝紫色。蒴果肾形，被腺毛，成熟后几乎无毛，网脉明显。花期3—5月。

[入侵等级] 严重入侵。

[分布生境] 原产于亚洲西部及欧洲，生于农田、菜地、路边、荒地、宅旁、苗圃、果园或城市绿地。

2. 凹头苋*Amaranthus blitum*

[分类地位] 苋科Amaranthaceae，苋属*Amaranthus*。

[中文别名] 野苋、紫苋。

[性状特征] 一年生草本，全体无毛；茎从基部分枝，淡绿色或紫红色。叶片顶端凹缺，全缘或稍呈波状。花成腋生花簇，直至下部叶的腋部。胞果扁卵形，不裂，微皱缩而近平滑，超出宿存花被片。花期7—8月，果期8—9月。

[入侵等级] 严重入侵。

[分布生境] 生于苗圃、果园、菜地、农田或路旁。

3. 白车轴草*Trifolium repens*

[分类地位] 豆科Leguminosae，车轴草属*Trifolium*。

[中文别名] 荷兰翘摇、白三叶、三叶草。

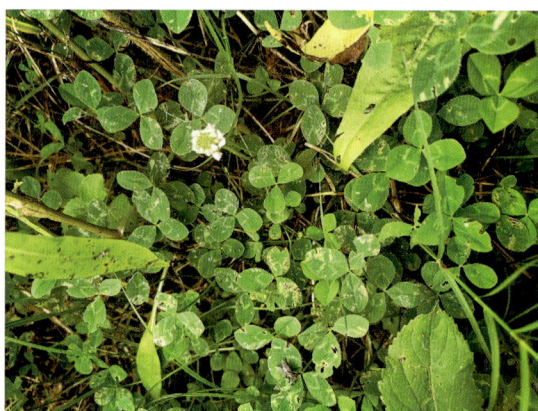

[性状特征] 多年生草本，根短，侧根和须根发达。茎匍匐蔓生，节上生根，全株无毛。掌状三出复叶。球形花序顶生，总花梗比叶柄长近1倍，开花立即下垂；花冠白色、乳黄色或淡红色。荚果长圆形。花果期5—10月。

[入侵等级] 严重入侵。

[分布生境] 原产欧洲和北非，各地均有栽培；其适应性广，抗热抗寒性强，对土壤要求不高；我国常见于种植，并在湿润草地、河岸、路边呈半自生状态，有时逸生为杂草。

4. 斑地锦草*Euphorbia maculata*

[分类地位] 大戟科Euphorbiaceae，大戟属*Euphorbia*。

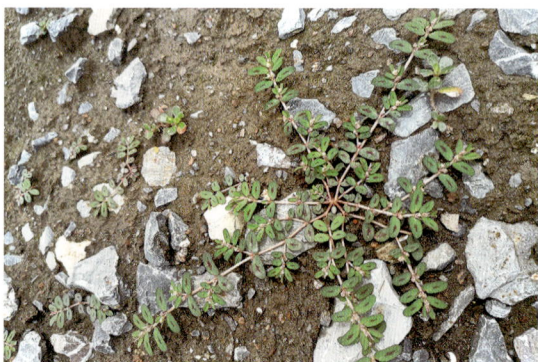

[中文别名] 斑地锦、大地锦、美洲地锦、紫斑地锦、紫叶地锦。

[性状特征] 一年生草本，茎匍匐，被白色疏柔毛。叶对生，基部偏斜，边缘中部以下全缘，中部以上常具细小疏锯齿；叶面绿色，中部常具有一个紫色斑点，两面无毛。花期3—5月，果期6—9月。

[入侵等级] 一般入侵。

[分布生境] 多生于平坝或低山坡的路旁。

5. 北美独行菜*Lepidium virginicum*

[分类地位] 十字花科Cruciferae，独行菜属*Lepidium*。

[中文别名] 独行菜、辣椒菜、辣椒根、小白浆、星星菜。

[性状特征] 一年或二年生草本，茎单一，直立，上部分枝。茎生叶有短柄，倒披针形或线形，边缘有尖锯齿或全缘。总状花序顶生，花瓣白色。短角果近圆形，扁平，有窄翅，顶端微缺。花期4—5月，果期6—7月。

[入侵等级] 严重入侵。

[分布生境] 原产美洲，生于田边、路旁或荒地。

6. 蓖麻*Ricinus communis*

[分类地位] 大戟科Euphorbiaceae，蓖麻属*Ricinus*。

[中文别名] 大麻子、老麻子、草麻。

[性状特征] 一年生粗壮草本或草质灌木，小枝、叶和花序通常被白霜，茎多液汁。叶轮廓近圆形，掌状7～11裂，裂片边缘具锯齿；掌状脉7～11条，网脉明显；叶柄中空，具盘状腺体。蒴果果皮具软刺或平滑。花期几乎全年或6—9月。

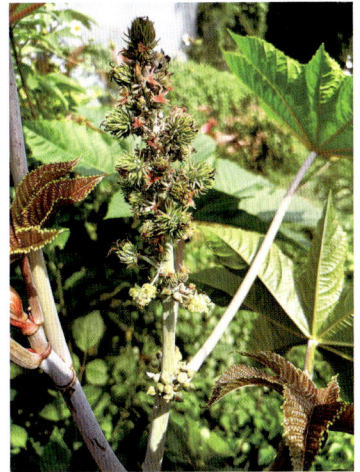

[入侵等级] 严重入侵。

[分布生境] 原产地可能为非洲肯尼亚或索马里，现广布于世界热带地区或栽培于热带至温暖带各国。喜高温、不耐霜、酸碱适应性强，国内华南和西南地区海拔20～500 m（云南海拔2 300 m）村旁疏林或河流两岸冲积地常有逸为野生。

7. 滨菊*Leucanthemum vulgare*

[分类地位] 菊科Asteraceae，滨菊属*Leucanthemum*。

[中文别名] 法国菊。

[性状特征] 多年生草本，茎直立。中部以下或近基部茎叶有时羽状浅裂。上部叶渐小，有时羽状全裂。全部叶两面无毛。头状花序单生茎顶，有长花梗，或茎生2～5个头状花序。全部苞片无毛，边缘白色或褐色膜质。花果期5—10月。

[入侵等级] 有待观察。

[分布生境] 原产欧洲，多为野生、引种栽培观赏或归化逸生，生于公园、绿地、路旁、山坡草地或河边。

8. 垂序商陆*Phytolacca americana*

[分类地位] 商陆科Phytolaccaceae，商陆属*Phytolacca*。

[中文别名] 垂穗商陆、美国商陆、美商陆、美洲商陆、十蕊商陆、洋商陆、见肿消、红籽。

[性状特征] 多年生草本，根粗壮，肥大，倒圆锥形。茎直立，圆柱形，有时带紫红色。叶片椭圆状卵形或卵状披针形。总状花

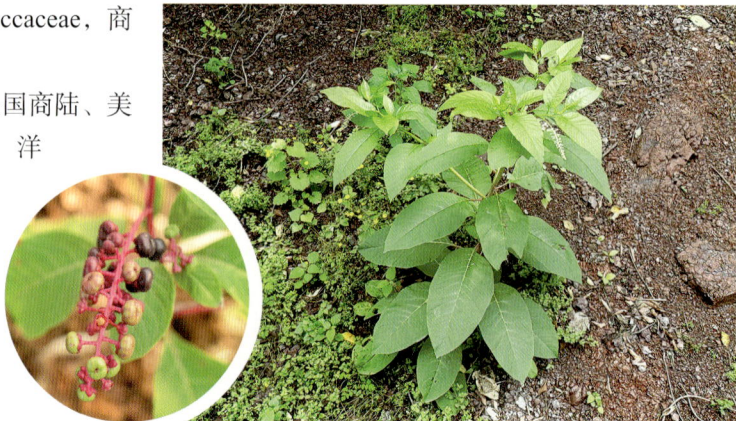

序顶生或侧生，花白色，微带红晕。果序下垂，浆果扁球形，熟时紫黑色。花期6—8月，果期8—10月。

[入侵等级] 恶性入侵。

[分布生境] 原产北美，引入栽培，生于疏林下、路旁、荒地或庭前屋后。

9. 刺槐*Robinia pseudoacacia*

[分类地位] 豆科Leguminosae，刺槐属*Robinia*。

[中文别名] 洋槐、槐花、伞形洋槐、塔形洋槐。

[性状特征] 落叶乔木，小枝具托叶刺。羽状复叶，小叶2～12对，常对生，具小尖头，全缘；总状花序腋生，下垂，花冠白色。荚果线状长圆形，扁平，先端上弯，具尖头，沿腹缝线具狭翅。花期4—6月，果期8—9月。

[入侵等级] 一般入侵。

[分布生境] 原产美国东部，17世纪传入欧洲及非洲，我国于18世纪末从欧洲引入青岛栽培，现全国各地广泛栽植，常见于路旁、荒坡；有一定的抗旱能力，喜深厚、肥沃、疏松、湿润的土壤，喜光，不耐庇荫。

10. 刺苋*Amaranthus spinosus*

[分类地位] 苋科Amaranthaceae，苋属*Amaranthus*。

[中文别名] 刺苋菜、簕苋菜。

[性状特征] 一年生草本，茎直立，多分枝，有纵条纹，绿色或带紫色。叶片全缘，无毛或

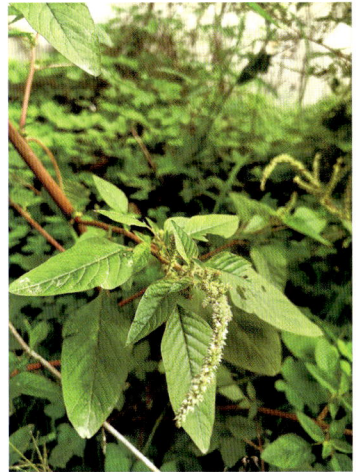

幼时沿叶脉稍有柔毛；叶柄无毛，在其旁有2刺。圆锥花序腋生及顶生。胞果在中部以下不规则横裂，包裹在宿存花被片内。花果期7—11月。

[入侵等级] 恶性入侵。

[分布生境] 生于荒地、苗圃、果园、林缘、河岸、农田或路旁。

11. 大狼耙草*Bidens frondosa*

[分类地位] 菊科Asteraceae，鬼针草属*Bidens*。

[中文别名] 大狼杷草、大花咸丰草、接力草、外国脱力草。

[性状特征] 一年生草本，叶对生，一回羽状复叶，小叶3～5枚，边缘有粗锯齿。头状花序，总苞钟状或半球形，外层苞片5～10枚，叶状，边缘有缘毛，内层苞片膜质，具淡黄色边缘；瘦果扁平，顶端芒刺2枚，有倒刺毛。花期8—9月。

[入侵等级] 恶性入侵。

[分布生境] 原产北美，适应性强，喜温暖潮湿环境，生于田野湿润处、水边湿地、沟渠、山谷、山坡、草丛、浅水滩及路旁荒野。

12. 大藻*Pistia stratiotes*

[分类地位] 天南星科Araceae，大藻属*Pistia*。

[中文别名] 天浮萍、水浮萍、大萍叶、水荷莲、肥猪草、水白菜。

[性状特征] 水生漂浮草本。有长而悬垂的根多数，须根羽状，密集。叶簇生成莲座状，

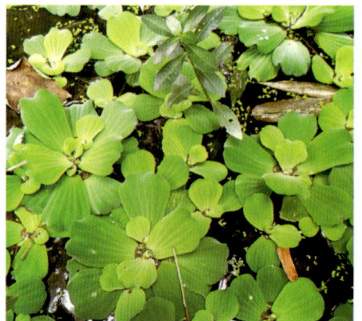

先端截头状或浑圆，基部厚，二面被毛，基部尤为浓密；叶脉扇状伸展，背面明显隆起成折皱状。佛焰苞白色，外被茸毛。花期5—11月。

[入侵等级] 恶性入侵。

[分布生境] 常见于沟渠、水田、水塘、水库、湖泊、河道等，尤喜流动较少的净水和富营养化水体。

13. 单刺仙人掌 *Opuntia monacantha*

[分类地位] 仙人掌科Cactaceae，仙人掌属*Opuntia*。

[中文别名] 绿仙人掌、扁金铜、仙人掌。

[性状特征] 肉质灌木或小乔木，老株常具圆柱状主干。分枝多数，开展，边缘全缘或略呈波状，嫩时薄而波皱，鲜绿而有光泽，无毛，疏生小窠；小窠具短绵毛、倒刺刚毛和刺；有时嫩小窠无刺，老时生刺。浆果顶端无毛，紫红色，每侧具10～20个小窠，小窠具短绵毛和倒刺刚毛。花期4—8月。

[入侵等级] 严重入侵。

[分布生境] 原产巴西、巴拉圭、乌拉圭及阿根廷，各地广泛引种栽培，常见于庭前屋后、路旁或荒山坡。

14. 灯笼果 *Physalis peruviana*

[分类地位] 茄科Solanaceae，洋酸浆属*Physalis*。

[中文别名] 小果酸浆、秘鲁苦藏。

[性状特征] 多年生草本，具匍匐的根状茎。茎直立，密生短柔毛。叶较厚，基部对称心脏

形，两面密生柔毛；叶柄密生柔毛。花单独腋生，花萼密生柔毛，花冠阔钟状，黄色而喉部有紫色斑纹。浆果成熟时黄色。夏季开花结果。

[入侵等级] 有待观察。

[分布生境] 原产南美洲，生于路旁、田间、田缘或河谷。

15. 钝叶决明*Senna obtusifolia*

[分类地位] 豆科Leguminosae，决明属*Senna*。

[中文别名] 草决明、马蹄决明。

[性状特征] 一年生半灌木状草本，茎直立，基部木质化，叶互生，偶数羽状复叶；小叶片2~4对，有小短尖头，全缘。花成对腋生；花瓣5枚，鲜黄色。荚果微弯曲，坚硬。花期10—11月，果期11月—翌年3月。

[入侵等级] 局部入侵。

[分布生境] 各地多有栽培，常见于路旁；喜高温湿润环境，对土质要求不严。

16. 反枝苋*Amaranthus retroflexus*

[分类地位] 苋科Amaranthaceae，苋属*Amaranthus*。

[中文别名] 西风谷、苋菜。

[性状特征] 一年生草本，茎直立，有时具带紫色条纹，密生短柔毛。叶片有小凸尖，全缘或波状缘，两面及边缘有柔毛，下面毛较密。圆锥花序直立。胞果扁卵形，环状横裂，包裹在宿存花被片内。花期7—8月，果期8—9月。

[入侵等级] 恶性入侵。

[分布生境] 生于农田、荒地、苗圃、果园、河岸或路旁。

17. 飞扬草 *Euphorbia hirta*

[分类地位] 大戟科Euphorbiaceae，大戟属*Euphorbia*。

[中文别名] 飞相草、乳籽草、大飞扬。

[性状特征] 一年生草本，根纤细。茎单一，被褐色或黄褐色的粗硬毛。叶对生，叶面绿色，叶背灰绿色，有时具紫色斑，两面均具柔毛，叶背面脉上的毛较密。花序多数，于叶腋处密集成头状，具柔毛。蒴果三棱状。花果期6—12月。

[入侵等级] 严重入侵。

[分布生境] 生于路旁、草丛、灌丛及山坡，多见于砂质土。

18. 粉绿狐尾藻 *Myriophyllum aquaticum*

[分类地位] 小二仙草科Haloragaceae，狐尾藻属*Myriophyllum*。

[中文别名] 大聚藻、绿狐尾藻。

[性状特征] 多年生挺水或沉水草本，根状茎发达。茎能匍匐湿地生长；上部为挺水枝，匍匐挺水；下半部为沉水枝，节部均生须根状。叶5～7枚轮生，羽状全裂，裂片丝状，绿蓝色；沉水叶丝状，红色，冬天枯萎脱落。花期7—8月。

[入侵等级] 局部入侵。

[分布生境] 喜温暖水湿、阳光充足的气候环境，不耐寒，入冬后地上部分逐渐枯死，以根茎在泥中越冬。主要生长于稻田、溪流、池塘或城市绿地。

19. 风车草*Cyperus involucratus*

[分类地位] 莎草科Cyperaceae，莎草属*Cyperus*。

[中文别名] 紫苏、旱伞草、轮伞莎草。

[性状特征] 根状茎短，粗大，须根坚硬。秆稍粗壮，高30～150 cm，近圆柱状，上部稍粗糙，基部包裹以无叶的鞘，鞘棕色。苞片20枚，长几相等，较花序长约2倍，宽2～11 mm，向四周展开，平展。

[入侵等级] 有待观察。

[分布生境] 原产非洲，各地均见栽培，作为观赏植物，广泛分布于林缘、路旁、庭前屋后或公园绿地。

20. 凤仙花*Impatiens balsamina*

[分类地位] 凤仙花科Balsaminaceae，凤仙花属*Impatiens*。

[中文别名] 指甲花、急性子、凤仙透骨草。

[性状特征] 一年生草本，茎粗壮，肉质，直立，下部节常膨大。叶互生，边缘有锐锯齿，

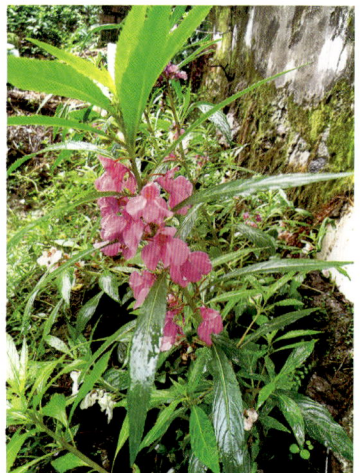

向基部常有数对无柄的黑色腺体，侧脉4~7对；叶柄上有浅沟，两侧具数对具柄的腺体。花无总花梗，白色、粉红色或紫色。花期7—10月。

[入侵等级] 有待观察。

[分布生境] 常见于庭前屋后。

21. 凤眼莲*Eichhornia crassipes*

[分类地位] 雨久花科Pontederiaceae，凤眼莲属*Eichhornia*。

[中文别名] 凤眼蓝、水浮莲、水葫芦、凤眼兰、水荷花、洋水仙。

[性状特征] 浮水草本，须根发达。叶在基部丛生，莲座状排列；叶片表面深绿色，光亮，质地厚实，两边微向上卷，顶部略向下翻卷；叶柄中部膨大，内有气室；穗状花序通常具9~12朵花，花被片紫蓝色。花期7—10月，果期8—11月。

[入侵等级] 恶性入侵。

[分布生境] 原产巴西，喜高温、高湿、营养丰富的水体环境，生于水塘、湖泊、沟渠、湿地、稻田或水流较慢的河道。

22. 鬼针草*Bidens pilosa*

[分类地位] 菊科Asteraceae，鬼针草属*Bidens*。

[中文别名] 三叶鬼针草、白花鬼针草、粘连子、豆渣草、狼把草。

[性状特征] 一年生草本，茎直立，钝四棱形。茎下部叶较小，3裂或不分裂，通常在开花前枯萎；中部叶三出，小叶3枚，边缘有锯齿。头状花序直径8~9 mm。瘦果黑

色，条形，略扁，具棱，顶端芒刺3～4枚。花果期3—8月。

[入侵等级] 恶性入侵。

[分布生境] 原产美洲，喜温暖湿润气候，以及疏松肥沃、富含腐殖质的砂质壤土和黏壤土；生于村旁、路边及荒地中。

23. 红花酢浆草 *Oxalis corymbosa*

[分类地位] 酢浆草科Oxalidaceae，酢浆草属*Oxalis*。

[中文别名] 大酸味草、铜锤草、南天七、紫花酢浆草、多花酢浆草。

[性状特征] 多年生直立草本，无地上茎，地下部分有球状鳞茎。叶基生，小叶3枚，表面绿色，背面浅绿色。总花梗基生，被毛，萼片先端有暗红色长圆形的小腺体2枚，花瓣淡紫色至紫红色。花果期3—12月。

[入侵等级] 一般入侵。

[分布生境] 原产南美热带地区，中国长江以北各地作为观赏植物引入，南方各地已逸为野生；生于低海拔的山地、荒地、水田、路旁、庭院、公园和绿地，适生于潮湿、疏松的土壤。

24. 火殃簕 *Euphorbia antiquorum*

[分类地位] 大戟科Euphorbiaceae，大戟属*Euphorbia*。

[中文别名] 金刚纂、火殃勒、彩云阁。

[性状特征] 肉质灌木状小乔木，植株乳汁丰富，茎常三棱状，偶有四棱状并存，上部多分枝。叶互生于齿尖，少而稀疏，常生于嫩枝顶部，全缘，两面无毛，肉质。蒴果三棱状扁球

形。花果期全年，可扦插繁殖。

[入侵等级] 有待观察。

[分布生境] 原产印度，我国南北方均有栽培，南方常作绿篱，并有逸为野生现象，多见于庭前屋后；耐干旱，最低可耐5 ℃的低温，对土壤要求不严。

25. 藿香蓟Ageratum conyzoides

[分类地位] 菊科Asteraceae，藿香蓟属Ageratum。

[中文别名] 臭草、胜红蓟。

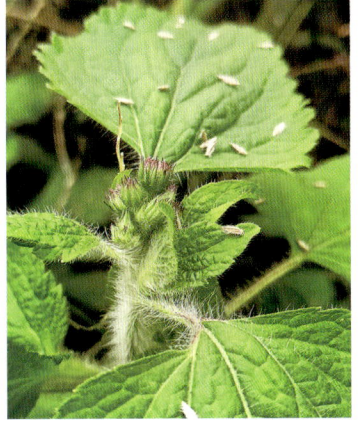

[性状特征] 一年生草本，茎粗壮。全部茎枝淡红色，或上部绿色，被白色尘状短柔毛或上部被稠密开展的长绒毛。叶对生，边缘圆锯齿，两面被白色稀疏的短柔毛且有黄色腺点。头状花在茎顶排成紧密的伞房状花序。花果期全年。

[入侵等级] 恶性入侵。

[分布生境] 原产中南美洲，喜温暖，阳光充足的环境；常见于山谷、山坡林下或林缘、河边、山坡草地、农田和荒地，可生至海拔2 800 m的区域。

26. 加拿大一枝黄花Solidago canadensis

[分类地位] 菊科Asteraceae，一枝黄花属Solidago。

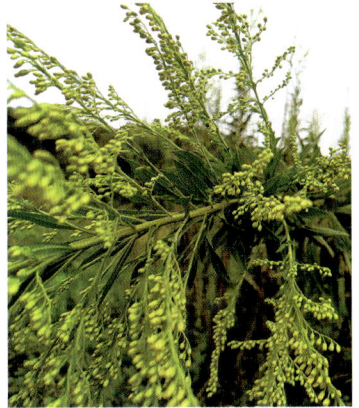

[中文别名] 黄莺、幸福草、金棒草、霸王花、加拿大一枝花、满山草。

[性状特征] 多年生直立草本，有长根状茎。茎直立，上部被短柔毛或糙毛，基部无毛。叶互生，边缘具锯齿或波状浅钝齿，具离基三出脉，两面被糙毛。圆锥花序顶生，分枝蝎尾状，开展至反曲，上侧着生多数黄色头状花序。

[入侵等级] 恶性入侵。

[分布生境] 原产北美，生长于河滩、荒地、公路和铁路沿线、农田边、城镇庭园、农村住宅四周、开阔地、疏林下。

27. 假酸浆*Nicandra physalodes*

[分类地位] 茄科Solanaceae，假酸浆属*Nicandra*。

[中文别名] 鞭打绣球、冰粉、大千生。

[性状特征] 茎直立，有棱条，无毛。叶草质，边缘有具圆缺的粗齿或浅裂，两面有稀疏毛。花单生于枝腋而与叶对生，花冠钟状，浅蓝色。浆果球状，直径1.5～2 cm，黄色。种子淡褐色，直径约1 mm。花果期夏秋季。

[入侵等级] 局部入侵。

[分布生境] 原产南美洲，生于田边、路旁、荒地或村落。

28. 剑叶金鸡菊*Coreopsis lanceolata*

[分类地位] 菊科Asteraceae，金鸡菊属*Coreopsis*。

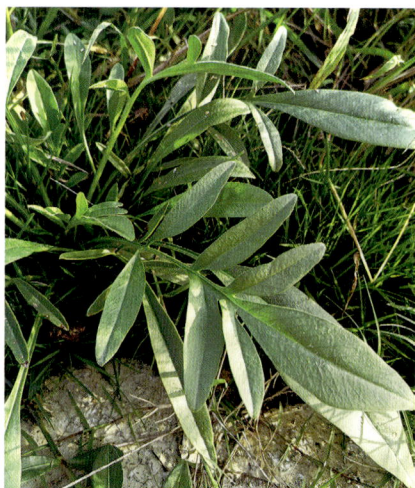

[中文别名] 线叶金鸡菊、大金鸡菊。

[性状特征] 多年生草本，有纺锤状根。茎直立，上部有分枝。叶较少数，在茎基部成对簇生，叶片匙形或线状倒披针形；茎上部叶少数，全缘或三深裂，顶裂片较大。头状花序在茎端单生，舌状花黄色。花期5—9月。

[入侵等级] 局部入侵。

[分布生境] 原产北美，耐旱、耐涝、耐寒、耐热、耐瘠薄，对土壤要求不严，对二氧化硫有较强抗性，适宜性极强，喜阳光充足的环境及排水良好的砂质壤土。中国各地庭园常有栽培，常见于公园、绿地、路旁、庭前屋后。

29. 菊苣 *Cichorium intybus*

[分类地位] 菊科Asteraceae，菊苣属*Cichorium*。

[中文别名] 蓝花菊苣。

[性状特征] 多年生草本，茎直立，单生，分枝开展或极开展，全部茎枝绿色，有条棱。基生叶莲座状，侧裂片3~6对或更多。全部叶质地薄，两面被稀疏的多细胞长节毛。头状花序多数，舌状小花蓝色，有色斑。花果期5—10月。

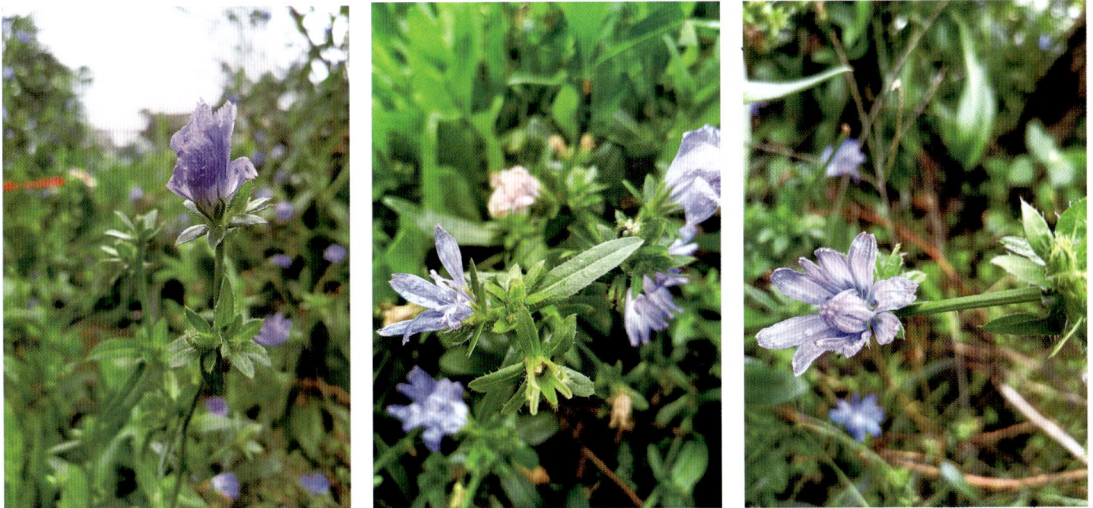

[入侵等级] 有待观察。

[分布生境] 原产于欧洲、中亚、西亚、北非，偶有引种栽培，生于菜园、滨海荒地、河边、水沟边或山坡。

30. 菊芋 *Helianthus tuberosus*

[分类地位] 菊科Asteraceae，向日葵属*Helianthus*。

[中文别名] 鬼子姜、番羌、洋羌、五星草、菊诸、洋姜、芋头。

[性状特征] 多年生草本，有块状的地下茎及纤维状根。茎直立，被白色短糙毛或刚毛。叶常对生，边缘有粗锯齿，离基三出脉，上面被白色短粗毛，下面被柔毛。头状花序单生于枝端，舌状花舌片与管状花花冠为黄色。花期8—9月。

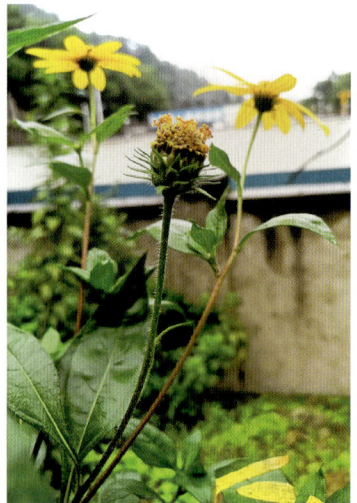

[入侵等级] 一般入侵。

[分布生境] 原产北美，各地广泛栽培，多生于庭前屋后或路旁。

31. 喀西茄 *Solanum aculeatissimum*

[分类地位] 茄科Solanaceae，茄属*Solanum*。

[中文别名] 苦天茄、刺天茄、狗茄子、苦颠茄、苦茄子、刺茄子。

[性状特征] 直立草本至亚灌木，茎、枝、叶及花柄多混生黄白色具节的长硬毛，短硬毛，腺毛及淡黄色基部宽扁的直刺。叶5～7深裂，下面被有星状毛。花冠筒淡黄色。浆果初时绿白色，成熟时淡黄色。花期3—8月，果期11—12月。

[入侵等级] 严重入侵。

[分布生境] 生于海拔600～2 300 m的沟边、路边、灌丛、荒地、草坡或疏林中。

32. 梨果仙人掌 *Opuntia ficus-indica*

[分类地位] 仙人掌科Cactaceae，仙人掌属*Opuntia*。

[中文别名] 米邦塔仙人掌、仙人掌、仙桃、印榕仙人掌。

[性状特征] 肉质灌木或小乔木，分枝多数，无光泽，边缘全缘，无毛，具多数小窠，小窠具早落的短绵毛和少数倒刺刚毛，通常无刺。浆果椭圆球形，表面平滑无毛，橙黄色，每侧有25～35个小窠。花期5—6月。

[入侵等级] 严重入侵。

[分布生境] 原产墨西哥，各地广泛引种栽培，常见于庭前屋后、路旁或荒山坡。

33. 鳢肠 *Eclipta prostrata*

[分类地位] 菊科Asteraceae，鳢肠属*Eclipta*。

[中文别名] 毛鳢肠、凉粉草、墨汁草、墨旱莲、墨莱、旱莲草、野万红、黑墨草。

[性状特征] 一年生草本，茎直立。叶长圆状披针形或披针形，无柄或有极短的柄，边缘有细锯齿或有时仅波状，两面被密硬糙毛。头状花序径6～8 mm；总苞球状钟形，总苞片绿色，草质；花冠管状，白色。花期6—9月。

[入侵等级] 一般入侵。

[分布生境] 原产美洲，世界热带及亚热带地区广泛分布，生于河边、田边、路旁、旱地。

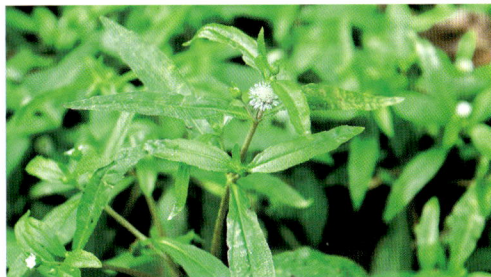

34. 黄秋英 *Cosmos sulphureus*

[分类地位] 菊科Asteraceae，秋英属*Cosmos*。

[中文别名] 硫华菊、硫磺菊、硫黄菊、黄波斯菊。

[性状特征] 一年生草本，多分枝，叶为对生的二回羽状复叶，深裂；花为舌状花，有单瓣和重瓣两种，颜色多为黄、金黄、橙色，红色，瘦果棕褐色，坚硬，粗糙有毛；春播花期6—8月，夏播花期9—10月。

[**入侵等级**] 一般入侵。

[**分布生境**] 生于荒地、路边、公园绿地、宅前屋后、农田、水库边、林下。

35. 柳叶马鞭草*Verbena bonariensis*

[**分类地位**] 马鞭草科Verbenaceae，马鞭草属*Verbena*。

[**中文别名**] 无。

[**性状特征**] 多年生草本植物，茎直立，多分枝。茎四方形，叶对生，基部无柄；基生叶通常3深裂，裂片边缘有锯齿，两面有粗毛。穗状花序顶生或腋生，细长如马鞭；花小，花冠淡紫色或蓝色。果为苹果状，外果皮薄，成熟时开裂。

[**入侵等级**] 有待观察。

[**分布生境**] 原产南、北美洲，常见于花坛、路边、宅旁、荒地、河边、房前屋后、林下、林缘、农田、河岸、沟谷。

36. 落地生根*Bryophyllum pinnatum*

[分类地位] 景天科Crassulaceae，落地生根属*Bryophyllum*。

[中文别名] 打不死、不死鸟。

[性状特征] 多年生草本，茎有分枝。羽状复叶，先端钝，边缘有圆齿，圆齿底部容易生芽，芽长大后落地即成一新植物。圆锥花序顶生，花下垂；花冠高脚碟形，淡红色或紫红色。花期1—3月，可扦插、不定芽和种子繁殖。

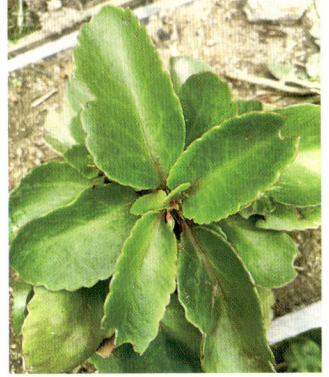

[入侵等级] 有待观察。

[分布生境] 原产马达加斯加，我国各地栽培，有逸为野生的，多见于庭前屋后。喜阳光充足、温暖湿润、排水良好、土壤酸性的环境。

37. 落葵薯*Anredera cordifolia*

[分类地位] 落葵科Basellaceae，落葵薯属*Anredera*。

[中文别名] 藤三七、藤七、土三七、川七、洋落葵、细枝落葵薯。

[性状特征] 缠绕藤本，根状茎粗壮。叶具短柄，叶片稍肉质，腋生小块茎。总状花序具多花，花序轴纤细，下垂；花被片白色，渐变黑，开花时张开。花期6—10月。

[入侵等级] 恶性入侵。

[分布生境] 原产南美热带地区，喜温暖湿润的气候环境，常见于林缘、灌木丛、河边、荒地、房前屋后以及沿海生境。

38. 绿穗苋 *Amaranthus hybridus*

[分类地位] 苋科Amaranthaceae，苋属*Amaranthus*。

[中文别名] 台湾苋。

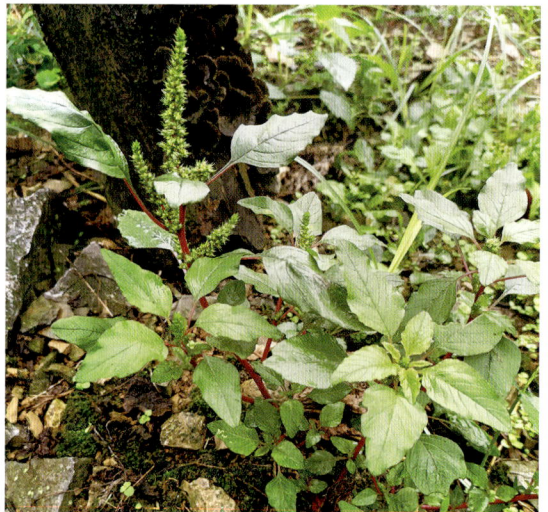

[性状特征] 一年生草本，茎直立，分枝，有开展柔毛。叶片边缘波状或有不明显锯齿，微粗糙，上面近无毛，下面疏生柔毛。圆锥花序顶生，上升稍弯曲，有分枝。胞果卵形，环状横裂，超出宿存花被片。花期7—8月，果期9—10月。

[入侵等级] 严重入侵。

[分布生境] 生于农田、荒地、苗圃、果园或路旁。

39. 马利筋 *Asclepias curassavica*

[分类地位] 夹竹桃科Apocynaceae，马利筋属*Asclepias*。

[中文别名] 水羊角、莲生桂子、唐棉。

[性状特征] 多年生直立草本，灌木状，全株有白色乳汁。叶膜质，披针形至椭圆状披针形；侧脉每边约8条。聚伞花序顶生或腋生，着花10~20朵；花萼裂片披针形，被柔毛；花冠紫红色，裂片长圆形，反折。

[入侵等级] 有待观察。

[分布生境] 原产美洲，常见于公园、绿地、路旁，半耐寒，喜向阳、通风、温暖、干燥环境，对土壤要求不严。

40. 马缨丹 *Lantana camara*

[分类地位] 马鞭草科Verbenaceae，马缨丹属*Lantana*。

[中文别名] 五色梅、五彩花、如意草、臭绣球、臭草、七变花。

[性状特征] 直立或蔓性的灌木，有时藤状；茎枝均呈四方形，有短柔毛，通常有短而倒钩状刺。单叶对生，揉烂后有强烈的气味，叶片边缘有钝齿。花冠黄色或橙黄色，开花后不久转为深红色；果圆球形，成熟时紫黑色。全年开花。

[入侵等级] 恶性入侵。

[分布生境] 原产美洲热带地区，常生于林下、林缘、路旁、宅前屋后、公园绿地、荒地。

41. 毛酸浆 *Physalis philadelphica*

[分类地位] 茄科Solanaceae，洋酸浆属*Physalis*。

[中文别名] 洋姑娘。

[性状特征] 一年生草本；茎生柔毛，常多分枝，分枝毛较密。叶边缘通常有不等大的尖牙齿，两面疏生毛但脉上毛较密。花单独腋生，花冠淡黄色，喉部具紫色斑纹。浆果球状，黄色或有时带紫色。花果期5—11月。

[入侵等级] 一般入侵。

[分布生境] 原产美洲，有栽培或逸为野生，多生于田边、路旁、荒地或草地。

42. 牛膝菊 *Galinsoga parviflora*

[分类地位] 菊科Asteraceae，牛膝菊属*Galinsoga*。

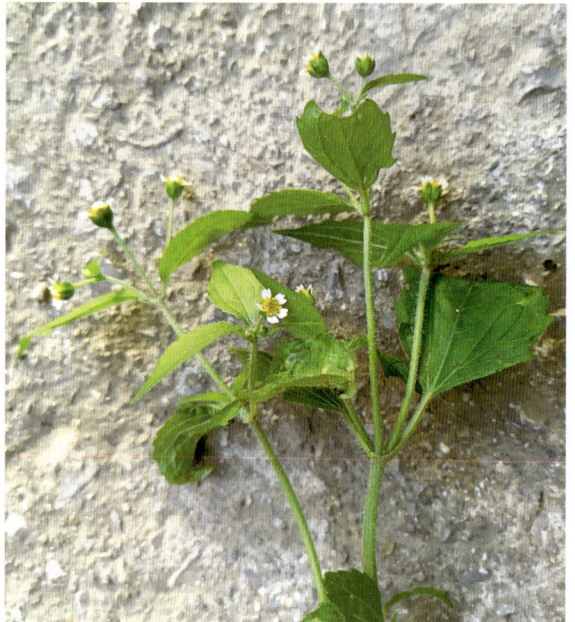

[中文别名] 辣子草、向阳花、珍珠草、铜锤草、小米菊。

[性状特征] 一年生草本，茎纤细，全部茎枝被疏散或上部稠密的贴伏短柔毛和少量腺毛。叶对生，全部茎叶两面粗涩，被白色稀疏贴伏的短柔毛，边缘具锯齿。头状花序半球形，舌状花舌片白色；管状花花冠黄色。花果期7—10月。

[入侵等级] 严重入侵。

[分布生境] 原产南美，生于山坡草地、疏林、河谷地、荒野、河边、田间、溪边、市郊路旁、果园或村旁。

43. 婆婆针 *Bidens bipinnata*

[分类地位] 菊科Asteraceae，鬼针草属*Bidens*。

[中文别名] 刺针草、鬼针草。

[性状特征] 一年生草本，茎直立，下部略具四棱。叶对生，二回羽状分裂，第一次分裂深达中肋，两面均被疏柔毛。舌状花舌片黄色；盘花筒状，黄色。瘦果条形，略扁，具棱，具瘤状突起及小刚毛，具倒刺毛。花果期 5—11月。

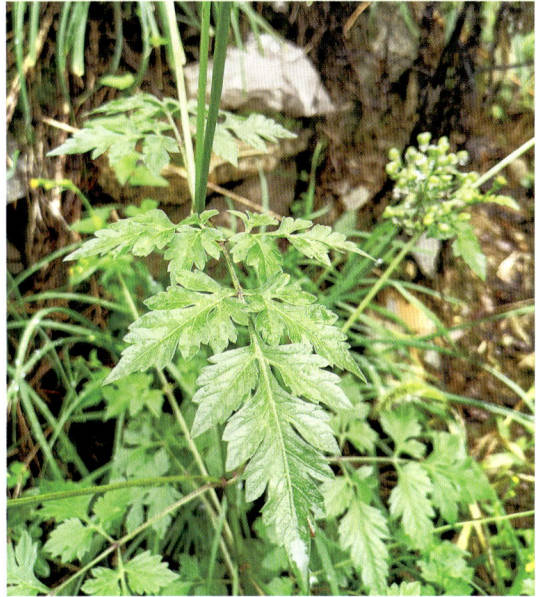

[入侵等级] 局部入侵。

[分布生境] 原产美洲，生于山坡、旷野、路旁和田间，最高海拔1 500 m。

44. 牵牛 *Ipomoea nil*

[分类地位] 旋花科Convolvulaceae，番薯属*Ipomoea*。

[中文别名] 裂叶牵牛、大牵牛花、喇叭花、牵牛花、朝颜、二牛子。

[性状特征] 一年生缠绕草本，茎上被倒向的短柔毛及杂有倒向或开展的长硬毛。叶3裂，偶5裂，基部圆，心形，叶面被微硬的柔毛。花腋生，花序梗通常短于叶柄；花冠漏斗状，蓝紫色或紫红色，花冠管色淡。蒴果近球形。

[入侵等级] 严重入侵。

[分布生境] 原产热带美洲，生于山坡灌丛、山地路边或庭前屋后。

45. 青葙*Celosia argentea*

[分类地位] 苋科Amaranthaceae，青葙属*Celosia*。

[中文别名] 狗尾草、百日红、鸡冠花、野鸡冠花、指天笔、海南青葙。

[性状特征] 一年生草本，全体无毛；茎直立，有分枝，具显明条纹。叶片绿色常带红色，具小芒尖。花多数，密生；苞片白色，光亮，顶端渐尖；花被片初为白色顶端带红色，或全部粉红色，后成白色。花期5—8月，果期6—10月。

[入侵等级] 恶性入侵。

[分布生境] 生于农田、山坡、路旁、河岸或果园。

46. 苘麻*Abutilon theophrasti*

[分类地位] 锦葵科Malvaceae，苘麻属*Abutilon*。

[中文别名] 苘、磨盘草、桐麻、白麻、青麻、孔麻、塘麻。

[性状特征] 一年生亚灌木状草本，茎枝被柔毛。叶互生，边缘具细圆锯齿，两面均密被星状柔毛。花单生于叶腋，花黄色，花瓣倒卵形。蒴果半球形，分果爿15～20个，被粗毛，顶端

具长芒2。花期7—8月，果期8—11月。

[入侵等级] 局部入侵。

[分布生境] 原产印度，我国除青藏高原不产外，其他各省区均有分布，东北各地有栽培。逸生后常见于路旁、荒地和田野间。

47. 秋英 *Cosmos bipinnatus*

[分类地位] 菊科Asteraceae，秋英属*Cosmos*。

[中文别名] 格桑花、扫地梅、波斯菊、大波斯菊。

[性状特征] 一年生或多年生草本，茎无毛或稍被柔毛。叶二回羽状深裂；头状花序单生，总苞片外层近革质，淡绿色，具深紫色条纹，内层膜质；舌状花紫红、粉红或白色；管状花黄色。花期6—8月，果期9—10月。

[入侵等级] 一般入侵。

[分布生境] 原产美洲，荒地、路边、花坛绿地、宅前屋后、农田、水库边、林下、城市绿化。

48. 三裂叶薯 *Ipomoea triloba*

[分类地位] 旋花科Convolvulaceae，番薯属*Ipomoea*。

[中文别名] 小花假番薯、红花野牵牛。

[性状特征] 草本，茎缠绕或有时平卧。叶全缘或有粗齿或深3裂，基部心形，两面无毛或散生疏柔毛。花序腋生，花梗多少具棱，有小瘤突，无毛；花冠漏斗状，无毛，淡红色或淡紫

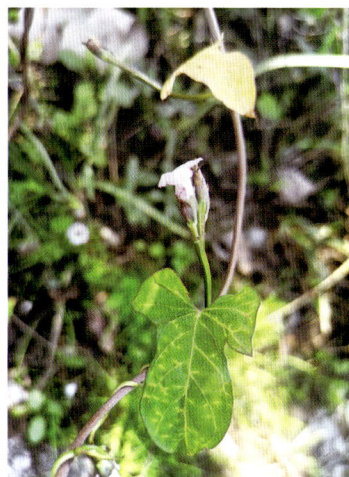

红色。蒴果近球形，被细刚毛。

[入侵等级] 恶性入侵。

[分布生境] 原产热带美洲，生于丘陵路旁、荒草地或田野。

49. 山桃草*Oenothera lindheimeri*

[分类地位] 柳叶菜科Onagraceae，月见草属*Oenothera*。

[中文别名] 白蝶花、白桃花、紫叶千鸟花。

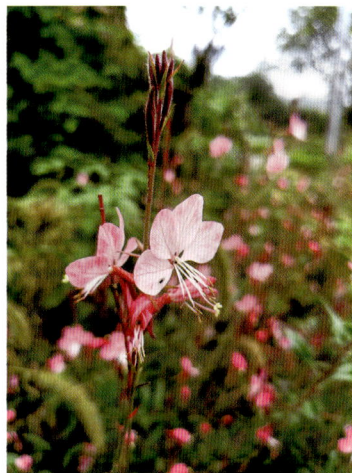

[性状特征] 多年生粗壮草本，常丛生，茎直立，常多分枝，入秋变红色，被长柔毛与曲柔毛。叶无柄，边缘具远离的齿突或波状齿，两面被近贴生的长柔毛。花序长穗状，生茎枝顶部。蒴果坚果状，狭纺锤形，熟时褐色，具明显的棱。

[入侵等级] 严重入侵。

[分布生境] 原产北美，生于坡地空旷地的灌木丛或草丛，人工栽植于路旁、屋前、公园绿地。

50. 珊瑚樱*Solanum pseudocapsicum*

[分类地位] 茄科Solanaceae，茄属*Solanum*。

[中文别名] 吉庆果、洋海椒、玉珊瑚、珊瑚子、冬珊瑚、假樱桃、珊瑚豆。

[性状特征] 直立分枝灌木，全株光滑无毛。叶互生，全缘或波状，侧脉6～7对。花多单生，花小，白色。浆果橙红色。花期初夏，果期秋末。

[入侵等级] 有待观察。

[分布生境] 原产巴西，多见于田边、路旁、丛林中或水沟边。

51. 少花龙葵 *Solanum americanum*

[分类地位] 茄科Solanaceae，茄属*Solanum*。

[中文别名] 衣扣草、古钮子、打卜子、扣子草、古钮菜、白花菜。

[性状特征] 纤弱草本，茎无毛或近于无毛。叶薄，叶缘近全缘，波状或有不规则的粗齿，两面均具疏柔毛，有时下面近于无毛。花序近伞形，腋外生；花冠白色，花药黄色。浆果球状，幼时绿色，成熟后黑色。全年均开花结果。

[入侵等级] 局部入侵。

[分布生境] 常见于溪边、林缘、荒地、田间、田缘、路旁。

52. 石茅 *Sorghum halepense*

[分类地位] 禾本科Poaceae，高粱属*Sorghum*。

[中文别名] 詹森草、亚剌柏高粱、假高粱、阿拉伯高粱、宿根高粱。

[性状特征] 多年生草本，根茎发达。不分枝或有时自基部分枝。叶舌硬膜质，顶端近截平，无毛；叶片中部最宽，两面无毛，边缘软骨质。圆锥花序分枝细弱，1至数枚在主轴上轮生或一侧着生，基部腋间具灰白色柔毛。花果期夏秋季。

[入侵等级] 恶性入侵。

[分布生境] 生于山谷、河边、荒野或耕地中。

53. 双荚决明*Senna bicapsularis*

[分类地位] 豆科Leguminosae，决明属*Senna*。

[中文别名] 金边黄槐、双荚黄槐、腊肠仔树。

[性状特征] 直立灌木，植株多分枝，无毛。小叶3～4对，顶端圆钝，基部渐狭，偏斜，侧脉在近边缘处呈网结；在最下方的一对小叶间有黑褐色线形而钝头的腺体1枚。花鲜黄色，荚果圆柱状。花期10—11月，果期11月—翌年3月。

[入侵等级] 有待观察。

[分布生境] 原产美洲热带地区，现广布于全世界热带地区；多见于路旁、荒坡和庭前屋后，喜阳，不耐阴。

54. 双穗雀稗*Paspalum distichum*

[分类地位] 禾本科Poaceae，雀稗属*Paspalum*。

[中文别名] 无。

[性状特征] 多年生草本，匍匐茎横走、粗壮，节生柔毛。叶鞘短于节间，背部具脊，边缘或上部被柔毛；叶舌无毛；叶片披针形，无毛。总状花序2枚对连；小穗倒卵状长圆形，顶端

尖，疏生微柔毛。花果期5—9月。

[入侵等级] 局部入侵。

[分布生境] 原产于中国，常见于田边、路旁、岸边或沟渠。

55. 苏门白酒草 *Erigeron sumatrensis*

[分类地位] 菊科Asteraceae，飞蓬属 *Erigeron*。

[中文别名] 苏门白酒菊。

[性状特征] 一年生或二年生草本，根纺锤状。茎粗壮，直立，高80~150 cm，具条棱，中部或中部以上有长分枝。基部叶边缘上部每边常有粗齿，基部全缘；中部和上部叶渐小，具齿或全缘，两面特别下面被密糙短毛。

[入侵等级] 恶性入侵。

[分布生境] 原产南美洲，现在热带和亚热带地区广泛分布。常生于山坡草地、旷野或路旁。

56. 天人菊 *Gaillardia pulchella*

[分类地位] 菊科Asteraceae，天人菊属 *Gaillardia*。

[中文别名] 老虎皮菊、虎皮菊。

[性状特征] 一年生草本，茎被短柔毛或锈色毛。下部叶边缘波状钝齿或浅裂；上部叶全缘或上部有疏锯齿，叶两面被伏毛。总苞片边缘有长缘毛，背面有腺点，基部密被长柔毛。舌状花黄色，基部带紫色。花果期6—8月。

[入侵等级] 有待观察。

[分布生境] 原产美洲，生于路边、宅旁、房前、公园绿地，供观赏。

57. 通奶草 *Euphorbia hypericifolia*

[分类地位] 大戟科Euphorbiaceae，大戟属*Euphorbia*。

[中文别名] 小飞扬草、南亚大戟。

[性状特征] 一年生草本，茎直立。叶对生，基部圆形，通常偏斜，上面深绿色，下面淡绿色，有时略带紫红色，两面被稀疏的柔毛。花序数个簇生于叶腋或枝顶，每个花序基部具纤细的柄。花果期8—12月。

[入侵等级] 局部入侵。

[分布生境] 生于旷野荒地、路旁、灌丛及田间。

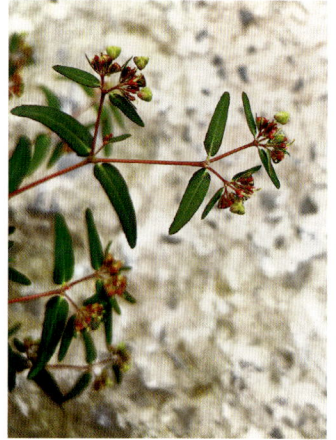

58. 土荆芥 *Chenopodium ambrosioides*

[分类地位] 苋科Amaranthaceae，腺毛藜属*Chenopodium*。

[中文别名] 鹅脚草、臭草、杀虫芥、臭杏、香藜草、洋蚂蚁草。

[性状特征] 一年生或多年生草本，有强烈香味。茎直立，多分枝，有色条及钝条棱。叶片边缘具稀疏的大锯齿，上面平滑无毛，下面有散生油点并沿叶脉稍有毛。胞果扁球形，完全包

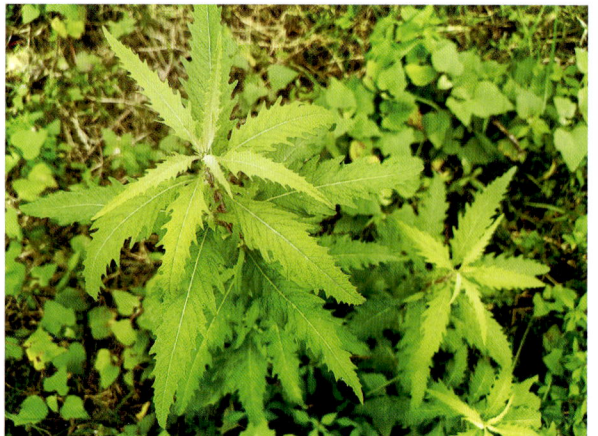

于花被内。花期和果期长。

[入侵等级] 恶性入侵。

[分布生境] 原产热带美洲，喜温暖干燥的气候，喜肥沃疏松、排水良好的砂质土壤，生于房前屋后、路旁、荒地、河岸、林缘、城市绿地或农田。

59. 土人参 *Talinum paniculatum*

[分类地位] 土人参科Talinaceae，土人参属*Talinum*。

[中文别名] 煮饭花、紫人参、红参、土高丽参、参草、假人参。

[性状特征] 一年生或多年生草本，全株无毛。茎直立，肉质，基部近木质，多少分枝。叶互生或近对生，叶片稍肉质，全缘。圆锥花序顶生或腋生，具长花序梗；花小，花瓣粉红色或淡紫红色。蒴果近球形。花期6—8月，果期9—11月。

[入侵等级] 一般入侵。

[分布生境] 原产热带美洲，各地均有栽植，或逸为野生，多见于路旁或庭前屋后。

60. 弯曲碎米荠 *Cardamine flexuosa*

[分类地位] 十字花科Cruciferae，碎米荠属*Cardamine*。

[中文别名] 高山碎米荠、卵叶弯曲碎米荠、柔弯曲碎米荠、峨眉碎米荠。

[性状特征] 一年或二年生草本，茎自基部多分枝，表面疏生柔毛。茎生叶有小叶3～5对，小叶多为长卵形或线形，1～3裂或全缘，小叶柄有或无，近于无毛。总状花序多数，生于枝顶，花小。花期3—5月，果期4—6月。

[入侵等级] 一般入侵。

[分布生境] 生于农田、路旁、沟渠或庭前屋后。

61. 万寿菊 *Tagetes erecta*

[分类地位] 菊科Asteraceae，万寿菊属*Tagetes*。

[中文别名] 孔雀菊、缎子花、臭菊花、红黄草、小万寿菊、臭芙蓉。

[性状特征] 一年生草本，茎直立，具纵细条棱，分枝向上平展。叶羽状分裂，边缘具锐锯齿，上部叶裂片的齿端有长细芒；沿叶缘有少数腺体。头状花序单生，花序梗顶端棍棒状膨大；舌状花黄色或暗橙色，管状花花冠黄色。花期7—9月。

[入侵等级] 一般入侵。

[分布生境] 原产墨西哥。生于路边、宅旁、房前、公园绿地，供观赏。

62. 望江南 *Senna occidentalis*

[分类地位] 豆科Leguminosae，决明属*Senna*。

[中文别名] 黎茶、羊角豆、狗屎豆、野扁豆、茳芒决明。

[性状特征] 亚灌木或灌木，直立、少分枝，无毛。叶柄近基部有大而带褐色、圆锥形的腺体1枚；小叶4～5对，顶端渐尖。花数朵组成伞房状总状花序，花瓣黄色。荚果带状镰形，稍弯曲，有尖头。花期4—8月，果期6—10月。

[入侵等级] 局部入侵。

[分布生境] 广布于世界热带、亚热带地区，国内分布于东南、南部及西南各省区，常生于河边滩地、旷野或丘陵的灌木林或疏林中。

63. 喜旱莲子草
Alternanthera philoxeroides

[分类地位] 苋科Amaranthaceae，莲子草属 *Alternanthera*。

[中文别名] 空心莲子草、空心苋、革命草、水花生、空心莲子菜。

[性状特征] 多年生草本；茎基部匍匐，上部上升，管状，不明显4棱，具分枝。叶片全缘，两面无毛或上面有贴生毛及缘毛。花密生，成具总花梗的头状花序，花被片白色，光亮，无毛，顶端急尖。花期5—10月。

[入侵等级] 恶性入侵。

[分布生境] 原产巴西，生于沟渠、农田、池沼、湖泊、荒地或城市绿地。

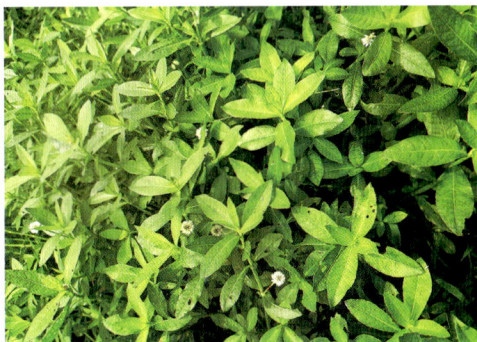

64. 细叶旱芹 *Cyclospermum leptophyllum*

[分类地位] 伞形科Umbelliferae，细叶旱芹属*Cyclospermum*。

[中文别名] 茴香芹、细叶芹。

[性状特征] 一年生草本，茎多分枝，光滑。茎生叶通常三出式羽状多裂，裂片线形。复伞形花序顶生或腋生，花瓣白色、绿白色或略带粉红色。果实圆心脏形或圆卵形。花期5月，果期6—7月。

[入侵等级] 一般入侵。

[分布生境] 多生于农田、杂草地或水沟边。

65. 香丝草*Erigeron bonariensis*

[分类地位] 菊科Asteraceae，飞蓬属*Erigeron*。

[中文别名] 草蒿、黄蒿、黄蒿子、美洲假蓬、野塘蒿、野地黄菊。

[性状特征] 一年生或二年生草本，茎直立或斜升，中部以上常分枝。下部叶通常具粗齿或羽状浅裂，中部叶具齿，上部叶全缘，两面均密被贴糙毛。头状花序多数，在茎端排列成总状或总状圆锥花序。花果期5—10月。

[入侵等级] 严重入侵。

[分布生境] 原产南美洲，现广泛分布于热带及亚热带地区，常生于荒地、田边、河畔、路旁及山坡草地。

66. 象草*Pennisetum purpureum*

[分类地位] 禾本科Poaceae，狼尾草属*Pennisetum*。

[中文别名] 紫狼尾草。

[性状特征] 多年生丛生大型草本，植株常具地下茎。秆直立，节上光滑或具毛。叶片线形，扁平，质较硬，上面疏生刺毛，近基部有小疣毛，下面无毛，边缘粗糙。圆锥花序长10~30 cm，宽1~3 cm。花果期8—10月。

[入侵等级] 局部入侵。

[分布生境] 原产非洲，各地引种栽培，逸生后常见于潮湿的荒地、路边，在西南可达海拔3 000 m处。

67. 小蓬草*Erigeron canadensis*

[分类地位] 菊科Asteraceae，飞蓬属*Erigeron*。

[中文别名] 小飞蓬、飞蓬、加拿大蓬、小白酒草、蒿子草。

[性状特征] 一年生草本，茎直立，被疏长硬毛，上部多分枝。下部叶具疏锯齿或全缘，中部和上部叶全缘或少有具1～2个齿，两面或仅上面被疏短毛边缘常被上弯的硬缘毛。头状花序排列成顶生多分枝的大圆锥花序。花果期5—10月。

[入侵等级] 恶性入侵。

[分布生境] 原产北美洲，现在各地广泛分布，常生长于旷野、荒地、田边、河谷、沟边和路旁，海拔可达3 000 m。

68. 小叶冷水花*Pilea microphylla*

[分类地位] 荨麻科Urticaceae，冷水花属*Pilea*。

[中文别名] 透明草。

[性状特征] 纤细小草本，无毛，铺散或直立。茎肉质，多分枝。叶很小，同对的不等大，

边缘全缘，稍反曲，上面绿色，下面浅绿色，干时呈细蜂巢状，钟乳体条形。雌雄同株，聚伞花序密集成近头状。花期夏秋季，果期秋季。

[入侵等级] 一般入侵。

[分布生境] 原产南美洲热带，后引入亚洲、非洲热带地区，在部分低海拔地区已成为广泛的归化植物。常生长于路边石缝、墙上或沟渠等阴湿处。

69. 熊耳草*Ageratum houstonianum*

[分类地位] 菊科Asteraceae，藿香蓟属*Ageratum*。

[中文别名] 心叶藿香蓟、紫花藿香蓟。

[性状特征] 一年生草本，茎直立，不分枝。全部茎枝淡红色或绿色，被白色绒毛或薄棉毛，茎枝上部及腋生小枝上的毛常稠密。叶对生，有时上部的叶近互生，基部心形或平截，三出基脉或不明显五出脉，两面被白色柔毛。花果期全年。

[入侵等级] 局部入侵。

[分布生境] 原产墨西哥及毗邻地区，多为栽培或栽培逸生，常生长于路边石缝和墙上阴湿处。喜温暖及阳光充足的环境，不耐寒，对土壤要求不严。

70. 续断菊*Sonchus asper*

[分类地位] 菊科Asteraceae，苦苣菜属*Sonchus*。

[中文别名] 花叶滇苦草、花叶滇苦荬菜、断续菊、刺菜、恶鸡婆。

[性状特征] 一年生草本，茎直立，有纵纹或纵棱。全部叶及裂片与抱茎的圆耳边缘有尖齿刺，两面光滑无毛，质地薄。总苞宽钟状，总苞片覆瓦状排列，草质，全部苞片顶端急尖，外面光滑无毛。舌状小花黄色。花果期5—10月。

[入侵等级] 一般入侵。

[分布生境] 原产欧洲和地中海，生于山坡、林缘、水边、路旁和荒野。

71. 药用蒲公英 *Taraxacum officinale*

[分类地位] 菊科Asteraceae，蒲公英属*Taraxacum*。

[中文别名] 西洋蒲公英。

[性状特征] 多年生草本。根颈部密被黑褐色残存叶基。叶大头羽状深裂或羽状浅裂，稀不裂而具波状齿。外层总苞片反卷，内层总苞片长为外层总苞片的1.5倍；舌状花亮黄色，边缘花舌片背面有紫色条纹。花果期6—8月。

[入侵等级] 一般入侵。

[分布生境] 生于海拔700～2 200 m的低山草原、森林草甸或田间与路边，部分人工种植于菜园。

72. 野胡萝卜 *Daucus carota*

[分类地位] 伞形科Umbelliferae，胡萝卜属*Daucus*。

[中文别名] 鹤虱草、假胡萝卜。

[性状特征] 二年生草本，茎单生，全体有白色粗硬毛。基生叶薄膜质，二至三回羽状全裂，顶端尖锐，有小尖头；茎生叶有叶鞘。复伞形花序，花通常白色，有时带淡红色。果实圆卵形，棱上有白色刺毛。花期5—7月。

[入侵等级] 严重入侵。

[分布生境] 生于田边、路旁、渠岸、荒地、农田或灌丛。

73. 野老鹳草*Geranium carolinianum*

[分类地位] 牻牛儿苗科Geraniaceae，老鹳草属*Geranium*。

[中文别名] 无。

[性状特征] 一年生草本，具棱角，密被倒向短柔毛。茎生叶互生或最上部对生；叶片圆肾形，基部心形，掌状5～7裂近基部。花序腋生和顶生，长于叶，每总花梗具2花，花瓣淡紫红色。蒴果被短糙毛。花期4—7月，果期5—9月。

[入侵等级] 严重入侵。

[分布生境] 原产美洲，生于花坛、路边、农田、荒地、宅前屋后、花坛绿地、林下、林缘。

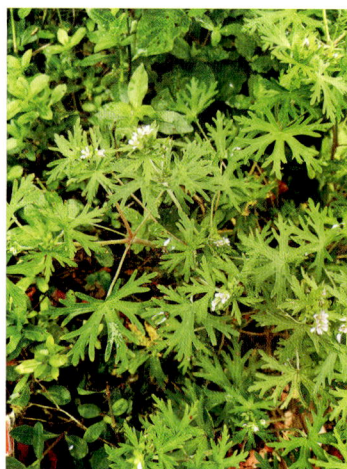

74. 野茼蒿*Crassocephalum crepidioides*

[分类地位] 菊科Asteraceae，野茼蒿属*Crassocephalum*。

[中文别名] 冬风菜、假茼蒿、草命菜、昭和草。

[性状特征] 直立草本，茎有纵条棱，无毛。叶膜质，边缘有不规则锯齿或重锯齿，或有时

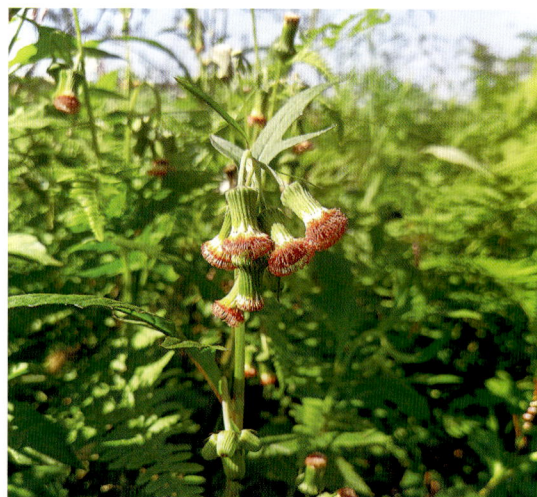

基部羽状裂，两面无或近无毛。头状花序数个在茎端排成伞房状，总苞钟状，小花全部管状，花冠红褐色或橙红色。花期7—12月。

[入侵等级] 严重入侵。

[分布生境] 常见于山坡、路旁、水边、灌丛。

75. 一年蓬 *Erigeron annuus*

[分类地位] 菊科Asteraceae，飞蓬属*Erigeron*。

[中文别名] 白顶飞蓬、治疟草、千层塔。

[性状特征] 一年生或二年生草本，茎粗壮，直立，上部有分枝，绿色，下部被开展的长硬毛，上部被较密的上弯的短硬毛。全部叶边缘被短硬毛，两面被疏短硬毛。头状花序排列成疏圆锥花序。花期6—8月，果期8—10月。

[入侵等级] 恶性入侵。

[分布生境] 原产北美洲，在我国已驯化，常生于路边旷野、山坡荒地、河谷或疏林下；喜肥沃向阳土壤，但耐贫瘠。

76. 银合欢 *Leucaena leucocephala*

[分类地位] 豆科Leguminosae，银合欢属*Leucaena*。

[中文别名] 白合欢、灰金合欢。

[性状特征] 灌木或小乔木，幼枝被短柔毛，老枝无毛，具褐色皮孔，无刺。羽片4～8对，在最下一对羽片着生处有黑色腺体1枚；小叶5～15对。头状花序通常腋生，花白色。荚果带状。花期4—7月，果期8—10月。

[入侵等级] 严重入侵。

[分布生境] 生于路旁、荒地、城市园林绿地、林缘或山坡。喜温暖湿润气候、耐旱力强、不耐水淹，对土壤要求不严。

77. 圆叶牵牛*Ipomoea purpurea*

[分类地位] 旋花科Convolvulaceae，番薯属*Ipomoea*。

[中文别名] 紫花牵牛、打碗花、牵牛花、心叶牵牛、重瓣圆叶牵牛。

[性状特征] 一年生缠绕草本，茎上被倒向的短柔毛杂有倒向或开展的长硬毛。叶基部圆，心形，通常全缘，两面疏或密被刚伏毛。花腋生，花冠漏斗状，紫红色、红色或白色，花冠管通常白色。蒴果近球形，直径9～10 mm，3瓣裂。

[入侵等级] 恶性入侵。

[分布生境] 原产热带美洲，各地广泛引植或沦为野生，生于田边、路边、宅旁或林缘。

78. 月见草*Oenothera biennis*

[分类地位] 柳叶菜科Onagraceae，月见草属*Oenothera*。

[中文别名] 夜来香、山芝麻。

[性状特征] 二年生直立草本，基生莲座叶丛紧贴地面；茎被曲柔毛与伸展长毛，在茎枝上端常混生有腺毛。基生莲座叶丛紧贴地面。穗状花序，苞片叶状，宿存；花瓣黄色，稀淡黄色。蒴果锥状圆柱形，直立，绿色。

[入侵等级] 严重入侵。

[分布生境] 原产北美，早期引入欧洲，后迅速传播至世界温带与亚热带地区。各地有栽培，已逸生，常生于荒坡、路旁、宅前屋后、公园绿地。

79. 皱果苋 *Amaranthus viridis*

[分类地位] 苋科Amaranthaceae，苋属 *Amaranthus*。

[中文别名] 绿苋。

[性状特征] 一年生草本，全体无毛；茎直立，有不明显棱角，稍有分枝，绿色或带紫色。叶片顶端尖凹或凹缺，有1芒尖，全缘或微呈波状缘。圆锥花序顶生。胞果扁球形，不裂，极皱缩，超出花被片。花期6—8月，果期8—10月。

[入侵等级] 严重入侵。

[分布生境] 原产热带非洲，生在人家附近的杂草地上或田野间。

80. 紫茉莉 *Mirabilis jalapa*

[分类地位] 紫茉莉科Nyctaginaceae，紫茉莉属 *Mirabilis*。

[中文别名] 晚饭花、苦丁香、丁香叶、胭脂花、潮来花、白花紫茉莉。

[性状特征] 一年生草本，茎直立，圆柱形，多分枝，节稍膨大。叶片全缘，两面均无毛，脉隆起。花常数朵簇生枝端，花被紫红色、黄色、白色或杂色，高脚碟状；花午后开放，有香气，次日午前凋萎。花期6—10月，果期8—11月。

[入侵等级] 一般入侵。

[分布生境] 原产热带美洲，各地常栽培，为观赏花卉，有时逸为野生；生于房前屋后、路旁、林缘或城市绿地。

81. 紫叶酢浆草*Oxalis triangularis* 'Purpurea'

[分类地位] 酢浆草科Oxalidaceae，酢浆草属*Oxalis*。

[中文别名] 酸浆草、酸酸草、斑鸠酸、三叶酸、酸咪咪、钩钩草。

[性状特征] 多年生宿根草本，肉质根，地上无茎，地下具黄褐色鳞茎。叶片紫色，叶背深红色，且有光泽；叶着生于鳞茎上，为掌状三出复叶，具长叶柄，小叶呈三角形。花粉色或白色，伞形花序，花瓣5枚。花、果期5—11月。

[入侵等级] 有待观察。

[分布生境] 原产于热带美洲和非洲南部，我国作为观赏植物引进，多生长于庭院或庭前屋后。不耐寒、不耐高温、耐干旱，但喜欢湿润的环境。

82. 钻叶紫菀*Symphyotrichum subulatum*

[分类地位] 菊科Asteraceae，联毛紫菀属*Symphyotrichum*。

[中文别名] 钻形紫菀、窄叶紫菀、美洲紫菀。

[性状特征] 一年生草本，无毛。茎中部叶主脉明显，侧脉不显著，无柄；上部叶渐狭窄，全缘，无柄。头状花序多数在茎顶端排成圆锥状，总苞钟状，总苞片3～4层，外层较短，内层较长；舌状花细狭，淡红色。花果期6—11月。

[入侵等级] 恶性入侵类植物。

[分布生境] 北美原产，喜生于潮湿的土壤，也可在沼泽或含盐的土壤上生长，常沿河岸、沟边、洼地、路边蔓延，以山坡灌丛、地边路旁、村边沟地为多。

附　录

修复植物重庆常见生态修复植物名录

序号	植物名	科名	属名	生活型	是否乡土植物	是否景观植物	是否经济植物
1	八角枫	山茱萸科	八角枫属	乔木	是		
2	八角金盘	五加科	八角金盘属	灌木	是	是	
3	芭蕉	芭蕉科	芭蕉属	多年生草本	是	是	
4	白背枫	玄参科	醉鱼草属	灌木	是		
5	柏木	柏科	柏木属	乔木	是	是	
6	斑茅	禾本科	甘蔗属	多年生草本	是	是	
7	北美海棠	蔷薇科	苹果属	乔木		是	
8	草木樨	豆科	草木樨属	二年生草本			
9	菖蒲	菖蒲科	菖蒲属	多年生草本	是	是	
10	池杉	柏科	落羽杉属	乔木		是	
11	垂柳	杨柳科	柳属	乔木	是	是	
12	垂枝红千层	桃金娘科	红千层属	乔木		是	
13	慈竹	禾本科	箣竹属	多年生草本	是		
14	刺桐	豆科	刺桐属	乔木	是	是	
15	地锦	葡萄科	地锦属	藤本	是	是	
16	地桃花	锦葵科	梵天花属	多年生草本	是		
17	杜鹃	杜鹃花科	杜鹃花属	灌木	是	是	
18	杜英	杜英科	杜英属	乔木	是	是	
19	杜仲	杜仲科	杜仲属	乔木	是		
20	多花紫藤	豆科	紫藤属	藤本		是	
21	鹅掌柴	五加科	鹅掌柴属	乔木	是	是	
22	鹅掌楸	木兰科	鹅掌楸属	乔木	是	是	
23	萼距花	千屈菜科	萼距花属	灌木		是	
24	二球悬铃木	悬铃木科	悬铃木属	乔木		是	
25	枫香树	蕈树科	枫香树属	乔木	是	是	
26	枫杨	胡桃科	枫杨属	乔木	是	是	
27	复羽叶栾	无患子科	栾属	乔木	是	是	

续表

序号	植物名	科名	属名	生活型	是否乡土植物	是否景观植物	是否经济植物
28	柑橘	芸香科	柑橘属	乔木	是		是
29	狗牙根	禾本科	狗牙根属	多年生草本	是	是	
30	枸骨	冬青科	冬青属	灌木	是	是	
31	构	桑科	构属	乔木	是		
32	海桐	海桐科	海桐属	灌木		是	
33	海芋	天南星科	海芋属	多年生草本		是	
34	含笑花	木兰科	含笑属	灌木	是	是	
35	荷花木兰	木兰科	北美木兰属	乔木		是	
36	黑麦草	禾本科	黑麦草属	多年生草本			
37	红背桂	大戟科	海漆属	灌木		是	
38	红花檵木	金缕梅科	檵木属	灌木		是	
39	花椒	芸香科	花椒属	灌木	是		是
40	花叶冷水花	荨麻科	冷水花属	多年生草本		是	
41	花叶青木	丝缨花科	桃叶珊瑚属	灌木		是	
42	花叶艳山姜	姜科	山姜属	多年生草本		是	
43	槐	豆科	槐属	乔木	是	是	
44	黄葛树	桑科	榕属	乔木	是	是	
45	黄金菊	菊科	黄蓉菊属	多年生草本		是	
46	黄金香柳	桃金娘科	白千层属	乔木		是	
47	黄荆	唇形科	牡荆属	灌木	是		
48	黄睡莲	睡莲科	睡莲属	多年生草本		是	
49	火棘	蔷薇科	火棘属	灌木	是		
50	鸡爪槭	无患子科	槭属	乔木	是	是	
51	吉祥草	天门冬科	吉祥草属	多年生草本	是	是	
52	夹竹桃	夹竹桃科	夹竹桃属	灌木	是	是	
53	金边龙舌兰	天门冬科	龙舌兰属	多年生草本		是	
54	金佛山荚蒾	荚蒾科	荚蒾属	灌木	是		
55	蜡梅	蜡梅科	蜡梅属	灌木	是	是	
56	蓝花楹	紫葳科	蓝花楹属	乔木		是	
57	李	蔷薇科	李属	乔木	是		是
58	荔枝	无患子科	荔枝属	乔木	是		是
59	莲	莲科	莲属	多年生草本	是	是	

续表

序号	植物名	科名	属名	生活型	是否乡土植物	是否景观植物	是否经济植物
60	楝	楝科	楝属	乔木	是	是	
61	柳杉	柏科	柳杉属	乔木	是		
62	龙眼	无患子科	龙眼属	乔木	是		是
63	芦竹	禾本科	芦竹属	多年生草本	是	是	
64	罗汉松	罗汉松科	罗汉松属	乔木	是	是	
65	麻梨	蔷薇科	梨属	乔木	是		是
66	马桑	马桑科	马桑属	灌木	是		
67	马尾松	松科	松属	乔木	是		
68	麦冬	天门冬科	沿阶草属	多年生草本	是	是	
69	毛桐	大戟科	野桐属	乔木	是		
70	美人蕉	美人蕉科	美人蕉属	多年生草本	是	是	
71	墨西哥鼠尾草	唇形科	鼠尾草属	多年生草本		是	
72	木芙蓉	锦葵科	木槿属	乔木	是	是	
73	木槿	锦葵科	木槿属	灌木	是	是	
74	木樨	木樨科	木樨属	乔木	是	是	
75	南天竹	小檗科	南天竹属	灌木	是	是	
76	楠木	樟科	楠属	乔木	是	是	
77	女贞	木樨科	女贞属	乔木	是	是	
78	枇杷	蔷薇科	枇杷属	乔木	是		是
79	朴树	大麻科	朴属	乔木	是	是	
80	秋枫	叶下珠科	秋枫属	乔木	是	是	
81	日本珊瑚树	荚蒾科	荚蒾属	灌木	是	是	
82	日本晚樱	蔷薇科	李属	乔木		是	
83	榕树	桑科	榕属	乔木	是	是	
84	三角槭	无患子科	槭属	乔木	是	是	
85	桑	桑科	桑属	乔木	是		是
86	山茶	山茶科	山茶属	乔木	是	是	
87	杉木	柏科	杉木属	乔木	是		
88	肾蕨	肾蕨科	肾蕨属	多年生草本		是	
89	十大功劳	小檗科	十大功劳属	灌木	是	是	
90	石榴	千屈菜科	石榴属	灌木	是	是	是
91	石楠	蔷薇科	石楠属	乔木	是	是	

序号	植物名	科名	属名	生活型	是否乡土植物	是否景观植物	是否经济植物
92	水麻	荨麻科	水麻属	灌木	是		
93	水杉	柏科	水杉属	乔木	是	是	
94	苏铁	苏铁科	苏铁属	乔木	是	是	
95	梭鱼草	雨久花科	梭鱼草属	多年生草本		是	
96	桃	蔷薇科	李属	乔木	是	是	
97	天竺桂	樟科	桂属	乔木	是	是	
98	蚊母树	金缕梅科	蚊母树属	灌木	是	是	
99	乌桕	大戟科	乌桕属	乔木	是		
100	蜈蚣凤尾蕨	凤尾蕨科	凤尾蕨属	多年生草本	是	是	
101	喜树	蓝果树科	喜树属	乔木	是	是	
102	香椿	楝科	香椿属	乔木	是		
103	小蜡	木樨科	女贞属	灌木	是	是	
104	小琴丝竹	禾本科	簕竹属	多年生草本		是	
105	杏	蔷薇科	李属	乔木	是	是	是
106	绣球	绣球花科	绣球属	灌木	是	是	
107	雅榕	桑科	榕属	乔木	是	是	
108	盐麸木	漆树科	盐麸木属	乔木	是		
109	艳山姜	姜科	山姜属	多年生草本	是	是	
110	羊蹄甲	豆科	羊蹄甲属	乔木	是	是	
111	杨梅	杨梅科	杨梅属	乔木	是	是	
112	野蔷薇	蔷薇科	蔷薇属	灌木	是	是	
113	叶子花	紫茉莉科	叶子花属	灌木	是		
114	银白杨	杨柳科	杨属	乔木	是		
115	银杏	银杏科	银杏属	乔木	是	是	
116	迎春花	木樨科	素馨属	灌木	是	是	
117	油麻藤	豆科	油麻藤属	藤本	是	是	
118	油桐	大戟科	油桐属	乔木	是		
119	柚	芸香科	柑橘属	乔木	是		是
120	玉兰	木兰科	玉兰属	乔木	是	是	
121	鸢尾	鸢尾科	鸢尾属	多年生草本	是	是	
122	再力花	竹芋科	水竹芋属	多年生草本		是	
123	樟	樟科	樟属	乔木	是	是	

续表

序号	植物名	科名	属名	生活型	是否乡土植物	是否景观植物	是否经济植物
124	栀子	茜草科	栀子属	灌木	是	是	
125	紫荆	豆科	紫荆属	灌木	是	是	
126	紫穗槐	豆科	紫穗槐属	灌木	是		
127	紫薇	千屈菜科	紫薇属	灌木	是	是	
128	紫叶李	蔷薇科	李属	灌木	是	是	
129	棕榈	棕榈科	棕榈属	乔木	是	是	
130	棕竹	棕榈科	棕竹属	灌木	是	是	
131	醉鱼草	玄参科	醉鱼草属	灌木	是	是	

重庆常见入侵植物名录

序号	植物名	科名	属名	入侵等级	生活型	引入途径	原产地
1	阿拉伯婆婆纳	车前科	婆婆纳属	严重入侵	一年生草本	无意引入	亚洲
2	凹头苋	苋科	苋属	严重入侵	一年生草本	无意引入	美洲
3	白车轴草	豆科	车轴草属	严重入侵	多年生草本	有意引入	欧洲
4	斑地锦草	大戟科	大戟属	一般入侵	一年生草本	无意引入	美洲
5	北美独行菜	十字花科	独行菜属	严重入侵	一年生草本	无意引入	美洲
6	蓖麻	大戟科	蓖麻属	严重入侵	灌木	有意引入	非洲
7	滨菊	菊科	滨菊属	有待观察	多年生草本	有意引入	欧洲
8	垂序商陆	商陆科	商陆属	恶性入侵	多年生草本	有意引入	美洲
9	刺槐	豆科	刺槐属	一般入侵	乔木	有意引入	美洲
10	刺苋	苋科	苋属	恶性入侵	一年生草本	无意引入	美洲
11	大狼耙草	菊科	鬼针草属	恶性入侵	一年生草本	无意引入	美洲
12	大薸	天南星科	大薸属	恶性入侵	多年生草本	有意引入	美洲
13	单刺仙人掌	仙人掌科	仙人掌属	严重入侵	灌木	有意引入	美洲
14	灯笼果	茄科	洋酸浆属	有待观察	多年生草本	无意引入	美洲
15	钝叶决明	豆科	决明属	局部入侵	多年生草本	有意引入	美洲
16	反枝苋	苋科	苋属	恶性入侵	一年生草本	无意引入	美洲
17	飞扬草	大戟科	大戟属	严重入侵	一年生草本	无意引入	美洲
18	粉绿狐尾藻	小二仙草科	狐尾藻属	局部入侵	多年生草本	有意引入	美洲
19	风车草	莎草科	莎草属	有待观察	多年生草本	有意引入	非洲
20	风仙花	凤仙花科	凤仙花属	有待观察	一年生草本	有意引入	亚洲
21	凤眼莲	雨久花科	凤眼莲属	恶性入侵	多年生草本	有意引入	美洲
22	鬼针草	菊科	鬼针草属	恶性入侵	一年生草本	无意引入	美洲
23	红花酢浆草	酢浆草科	酢浆草属	一般入侵	多年生草本	有意引入	美洲
24	火殃簕	大戟科	大戟属	有待观察	灌木	有意引入	亚洲
25	藿香蓟	菊科	藿香蓟属	恶性入侵	一年生草本	有意引入	美洲
26	加拿大一枝黄花	菊科	一枝黄花属	恶性入侵	多年生草本	无意引入	美洲
27	假酸浆	茄科	假酸浆属	局部入侵	一年生草本	无意引入	美洲
28	剑叶金鸡菊	菊科	金鸡菊属	局部入侵	多年生草本	有意引入	美洲
29	菊苣	菊科	菊苣属	有待观察	多年生草本	有意引入	欧洲

续表

序号	植物名	科名	属名	入侵等级	生活型	引入途径	原产地
30	菊芋	菊科	向日葵属	一般入侵	多年生草本	有意引入	美洲
31	喀西茄	茄科	茄属	严重入侵	多年生草本	有意引入	美洲
32	梨果仙人掌	仙人掌科	仙人掌属	严重入侵	灌木	有意引入	美洲
33	鳢肠	菊科	鳢肠属	一般入侵	一年生草本	有意引入	美洲
34	黄秋英	菊科	秋英属	一般入侵	一年生草本	有意引入	美洲
35	柳叶马鞭草	马鞭草科	马鞭草属	有待观察	多年生草本	有意引入	美洲
36	落地生根	景天科	落地生根属	有待观察	多年生草本	有意引入	非洲
37	落葵薯	落葵科	落葵薯属	恶性入侵	藤本	有意引入	美洲
38	绿穗苋	苋科	苋属	严重入侵	一年生草本	有意引入	美洲
39	马利筋	夹竹桃科	马利筋属	有待观察	多年生草本	有意引入	美洲
40	马缨丹	马鞭草科	马缨丹属	恶性入侵	灌木	有意引入	美洲
41	毛酸浆	茄科	洋酸浆属	一般入侵	一年生草本	无意引入	美洲
42	牛膝菊	菊科	牛膝菊属	严重入侵	一年生草本	无意引入	美洲
43	婆婆针	菊科	鬼针草属	局部入侵	一年生草本	无意引入	美洲
44	牵牛	旋花科	番薯属	严重入侵	一年生草本	有意引入	美洲
45	青葙	苋科	青葙属	恶性入侵	一年生草本	有意引入	非洲
46	苘麻	锦葵科	苘麻属	局部入侵	一年生草本	有意引入	亚洲
47	秋英	菊科	秋英属	一般入侵	一年生草本	有意引入	美洲
48	三裂叶薯	旋花科	番薯属	恶性入侵	一年生草本	自然传入	美洲
49	山桃草	柳叶菜科	月见草属	严重入侵	多年生草本	有意引入	美洲
50	珊瑚樱	茄科	茄属	有待观察	灌木	有意引入	美洲
51	少花龙葵	茄科	茄属	局部入侵	一年生草本	自然传入	亚洲
52	石茅	禾本科	高粱属	恶性入侵	多年生草本	无意引入	欧洲
53	双荚决明	豆科	决明属	有待观察	灌木	有意引入	美洲
54	双穗雀稗	禾本科	雀稗属	局部入侵	多年生草本	无意引入	亚洲
55	苏门白酒草	菊科	飞蓬属	恶性入侵	一年生草本	自然传入	美洲
56	天人菊	菊科	天人菊属	有待观察	一年生草本	有意引入	美洲
57	通奶草	大戟科	大戟属	局部入侵	一年生草本	有意引入	美洲
58	土荆芥	苋科	腺毛藜属	恶性入侵	一年生草本	无意引入	美洲
59	土人参	土人参科	土人参属	一般入侵	一年生草本	有意引入	美洲
60	弯曲碎米荠	十字花科	碎米荠属	一般入侵	一年生草本	无意引入	亚洲
61	万寿菊	菊科	万寿菊属	一般入侵	一年生草本	有意引入	美洲
62	望江南	豆科	决明属	有待观察	灌木	有意引入	美洲

续表

序号	植物名	科名	属名	入侵等级	生活型	引入途径	原产地
63	喜旱莲子草	苋科	莲子草属	恶性入侵	多年生草本	有意引入	美洲
64	细叶旱芹	伞形科	细叶旱芹属	一般入侵	一年生草本	无意引入	美洲
65	香丝草	菊科	飞蓬属	严重入侵	一年生草本	无意引入	美洲
66	象草	禾本科	狼尾草属	局部入侵	多年生草本	有意引入	非洲
67	小蓬草	菊科	飞蓬属	恶性入侵	一年生草本	无意引入	美洲
68	小叶冷水花	荨麻科	冷水花属	一般入侵	一年生草本	无意引入	美洲
69	熊耳草	菊科	藿香蓟属	局部入侵	一年生草本	有意引入	美洲
70	续断菊	菊科	苦苣菜属	一般入侵	一年生草本	无意引入	欧洲
71	药用蒲公英	菊科	蒲公英属	一般入侵	多年生草本	有意引入	欧洲
72	野胡萝卜	伞形科	胡萝卜属	严重入侵	二年生草本	无意引入	欧洲
73	野老鹳草	牻牛儿苗科	老鹳草属	严重入侵	一年生草本	无意引入	美洲
74	野茼蒿	菊科	野茼蒿属	严重入侵	一年生草本	无意引入	非洲
75	一年蓬	菊科	飞蓬属	恶性入侵	一年生草本	无意引入	美洲
76	银合欢	豆科	银合欢属	严重入侵	灌木	有意引入	美洲
77	圆叶牵牛	旋花科	番薯属	恶性入侵	一年生草本	有意引入	美洲
78	月见草	柳叶菜科	月见草属	严重入侵	二年生草本	有意引入	美洲
79	皱果苋	苋科	苋属	严重入侵	一年生草本	无意引入	美洲
80	紫茉莉	紫茉莉科	紫茉莉属	一般入侵	一年生草本	有意引入	美洲
81	紫叶酢浆草	酢浆草科	酢浆草属	有待观察	多年生草本	有意引入	美洲
82	钻叶紫菀	菊科	联毛紫菀属	恶性入侵	一年生草本	无意引入	美洲

参考文献

BIBLIOGRAPHY

[1] BAKER H G. The evolution of weeds [J] . Annual Review of Ecology and Systematics，1974，5（1）:1-24.

[2] BROENNIMANN O，TREIER U A，MÜLLER-SCHÄRER H，et al. Evidence of climatic niche shift during biological invasion [J] . Ecology Letters，2007，10（8）:701-709.

[3] CALLAWAY R M，ASCHEHOUG E T. Invasive plants versus their new and old neighbors: a mechanism for exotic invasion [J] . Science，2000，290（5491）:521-523.

[4] CARLTON J T. Biological invasions and cryptogenic species[J]. Ecology，1996，77（6）:1653-1655.

[5] ELTON C S. The ecology of invasions by animals and plants[M] . London: Methuen，1958.

[6] EPPINGA M B，RIETKERK M，DEKKER S C，et al. Accumulation of local pathogens: a new hypothesis to explain exotic plant invasions[J] . Oikos，2006，114（1）:168-176.

[7] 傅立国，等. 中国高等植物（修订版）[M] . 青岛：青岛出版社，2012.

[8] 宫伟娜，万方浩，谢丙炎，等. 表型可塑性与外来入侵植物的适应性[J] . 植物保护，2009，35（4）:1-7.

[9] HIERRO J L，MARON J L，CALLAWAY R M. A biogeographical approach to plant invasions: the importance of studying exotics in their introduced and native range[J] . Journal of Ecology，2005，93（1）:5-15.

[10] 蒋粤闽. 城市绿地中的植物配置对微气候调节的影响分析[J] . 分子植物育种，2024，22（4）:1306-1311.

[11] 马金双. 中国入侵植物名录[M] . 北京：高等教育出版社，2013.

[12] 马金双，李惠菇. 中国外来入侵植物名录[M] . 北京：高等教育出版社，2018.

[13] 马金双. 中国外来入侵植物志[M] . 上海：上海交通大学出版社，2021.

[14] 彭少麟，向言词. 植物外来种入侵及其对生态系统的影响[J] . 生态学报，1999，19（4）:560-568.

[15] 生态学名词审定委员会. 生态学名词[M] . 北京：科学出版社，2007.

[16] SAX D F，STACHOWICZ J J，GAINES S D. Species invasions: insights into ecology，evolution，and biogeography[M] . Sunderland，Mass: Sinauer Associates，2005.

[17] 唐龙，李绍军，周庆诗，等. 外来植物入侵力主要理论与展望[J] . 地球环境学报，2021，12（6）:585-594.

[18] TASSIN J，KULL C A. Facing the broader dimensions of biological invasions[J] . Land Use Policy，2015，42:165-169.

[19] USHER M B. Biological invasions of nature reserves：a search for generalisations[J] . Biological Conservation，1988，44（1/2）:119-135.

[20] 万方浩，刘全儒，谢明，等. 生物入侵：中国外来入侵植物图鉴[M] . 北京：科学出版社，2012.

[21] WILLIAMSON M，FITTER A. The varying success of invaders [J] . Ecology，1996，77（6）: 1661-1666.

[22] 闫小玲，刘全儒，寿海洋，等. 中国外来入侵植物的等级划分与地理分布格局分析[J] . 生物多样性，2014，22（5）:667-676.

[23] 杨昌煦，等. 重庆维管植物检索表[M] . 成都：四川科学技术出版社，2009.

[24] 杨丽，邓洪平，韩敏，等. 入侵植物对重庆生态环境的风险分析评价[J] . 西南师范大学学报（自然科学版），2008，33（1）:72-76.

[25] 张正云，万自学，陈翠娜，等. 长沙地区典型生境中外来入侵植物组成及入侵危害研究[J] . 植物保护，2022，48（4）:264-272，309.